从小玩到大的75款

天然木制玩具

〔美〕艾琳·弗卢茨泰尔-迪林　著

陈君　译

河南科学技术出版社

·郑州·

备案号：豫著许可备字-2017-A-0254

图书在版编目（CIP）数据

从小玩到大的75款天然木制玩具 /（美）艾琳·弗卢茨泰尔-迪林著；陈君译. —郑州：河南科学技术出版社，2020. 8

ISBN 978-7-5349-9927-7

Ⅰ. ①从… Ⅱ. ①艾… ②陈… Ⅲ. ①木制品-玩具-制作 Ⅳ. ①TS958.4

中国版本图书馆CIP数据核字（2020）第108794号

出版发行：河南科学技术出版社

地址：郑州市郑东新区祥盛街27号　　邮编：450016

电话：（0371）65737028　65788613

网址：www.hnstp.cn

策划编辑：刘　欣

责任编辑：葛鹏程

责任校对：王晓红

封面设计：张　伟

责任印制：张艳芳

印　　刷：河南瑞之光印刷股份有限公司

经　　销：全国新华书店

开　　本：889 mm × 1194 mm　1/20　　印张：9　字数：250千字

版　　次：2020年8月第1版　　2020年8月第1次印刷

定　　价：56.00元

如发现印、装质量问题，影响阅读，请与出版社联系并调换。

作者简介

艾琳·弗卢茨泰尔-迪林是一位有两个孩子的母亲，做了多年的手工，然而做木工活却是新手。最近，艾琳给孩子们买来了市面上畅销的玩具，但她发现这些玩具不安全，着实感到不安，于是决定自己为孩子制作玩具。自己制作木制玩具也能激发创造力。艾琳心血来潮，在克雷格网站购买了生平第一台钢丝锯。她尽管没有做过木工，但仅凭着有手工制作的经验，在丈夫的帮助下，很快就在家里堆满了五颜六色的木制玩具——这让她的女儿斯特拉和儿子艾略特非常高兴。艾琳能够毫不费力地迅速学会使用钢丝锯，要归功于她多年使用缝纫机的经验，这两种机器的使用有着惊人的相似之处。她买了第一台钢丝锯不久，这些不可思议的儿童玩具就诞生了。艾琳和她的丈夫尼克在美国印第安纳州格林伍德的家中设计和制作手工玩具，他们的玩具在奥迪多、易集、伊村和拜博网店均有出售。

欢迎登录www.ImaginationKidsToys.com 网站，获得更多相关信息。

目录

这些玩具很容易制作！这里有一系列让您惊艳的玩具可供选择：

动物

红狐狸

小兔子一家

淘气的小松鼠

熊妈妈和熊宝宝

刺猬

母鸡和公鸡

马

奶牛

猪

海马

鲸

螃蟹

鱼

活泼的海豚

海龟

人物

中世纪的人们

虚幻生物

龙

独角兽

美人鱼姐妹

积木

山洞积木

积木山

森林创意积木

干草垛积木

火山积木

沙丘积木

海浪积木

喷泉积木

都市建筑积木

交通工具

拖拉机

农用卡车

独木船

小轿车

直升机

飞机

火车

建筑物

城堡

魔法树屋

粮仓

木制沙堡

都市建筑积木

植物

四季树

蘑菇伞

海藻

干草捆

玉米秸秆捆

干草垛

公园里的树

魔法棒

魔法棒（1）

魔法棒（2）

前言

这本书里的75款玩具，肯定会让您的孩子们感到高兴。这些书页里“居住着”各类动物，有的来自森林，有的来自海洋，有的来自农场等不同的地方，下决心吧，将书里的玩具一一制作出来——这些动物可以快速切割成型，简单地涂上颜色，或根据个人喜好再添加些细节。通过使用简单的工具——钢丝锯、带锯或手弓锯，以及砂纸——您将很快制作出这些简单有趣的玩具。这里为您提供制作这些简单而又漂亮的玩具所有必要的知识，这将激发您的孩子的想象力。而且，这些玩具是无毒的，不会因安全问题被制造商收回!

按照如下步骤，您可以毫不费力地制作自己独有的纯天然的木制玩具，这些玩具对孩子来说很安全：

1.将图案粘贴或描绘到木块上。
2.用钢丝锯、带锯或手弓锯切割出玩具造型。
3.用手控打磨机或砂纸把玩具的边缘和表面打磨光滑。
4.用无毒涂料或天然染料给玩具上色。
5.用木刻烙铁或无毒涂料给玩具添加细节。
6.涂料干了以后，用砂纸轻轻地把粗糙的表面打磨光滑。
7.用蜂蜡给玩具上光，并擦去多余蜡质。

开放式玩具的优势

如果一种玩具没有设定游戏规则，那么孩子们在整个童年时期可以反复地玩，这种玩具叫作“开放式玩具”。为了更好地弄清什么是“开放式玩具”，您可以想一想传统棋盘游戏与本书中提到的木制动物玩具之间的区别。在玩棋盘游戏时必须遵守固定的规则，这样游戏才能正常进行下去，但是这样孩子们就没有发挥想象力的空间，更不用说制定自己的规则了。而木制动物玩具则为孩子们带来了无尽的游戏空间——在孩子们的游戏世界里，

玩具安全说明

对您的孩子来说选择哪种玩具最安全，这取决于您做家长的智慧。如果您担心孩子会吞咽小玩具引起窒息，请记住，本书中的所有玩具都可以放大到您想要的任意尺寸。另外要注意的是，如果玩具的车轮和轮轴等部件安装不牢固，那么可以用木工胶水粘牢。如果您仍然担心这一点，在制作玩具时，可以省略车轮和轮轴。利用您的判断力以及对孩子行为的了解，为孩子们挑选最安全的玩具吧。

这些动物可以在树林里漫步，可以是遥远国度公主的宠物，也可以是孩子们自设游戏场景的一个代入角色……开放式玩具鼓励孩子们创造性地思考和玩耍。您能够送给孩子最好的礼物之一就是对孩子想象力的激发。

简便的开放式玩具可以让孩子在游戏中有无数的玩法。不能发挥想象力是制约孩子成长的因素，因此开放式玩具可以说是孩子童年时期的好伙伴。

以简单的积木玩具为例，婴儿喜欢把积木放入口中啃咬，这些未经染色的积木打磨良好，是一种绝佳的磨牙器。随着婴儿的成长，玩积木可以帮助他们理解因果关系。那些形状、大小一样的积木可以用来建造城堡、城市或者任何孩子们可以想象出来的东西。

积木玩具（如第82页所示）是一种很棒的开放式益智玩具。起先，积木玩具可以放在地上当成简单的拼图玩具来玩。孩子们要是再大些，就可以试着将其竖起来玩，这有助于促进孩子运动技能的发展。最后，当孩子的想象力开始放飞时，这些积木玩具将会有更多的玩法——隧道、洞穴、小山……无限的玩法，无限的可能！

送给孩子一款开放式益智玩具，就可以让他们的想象力在游戏中尽情发挥。

自制玩具与商店购买玩具对比，孰优孰劣？

我们都听到过儿童受劣质玩具危害的新闻报道。人们不断地发现从商店购买的塑料玩具含有双酚A（BPA）、增塑剂（邻苯二甲酸酯）和镉等有毒成分。

添加了增塑剂的塑料制品变得柔韧，磨牙环、沐浴玩具和其他柔软的塑料玩具等都可能含有这种化学物质。因为增塑剂添加到塑料中，但没有和塑料发生完全化学反应，很容易从物品中析出，孩子咀嚼、吸吮或玩玩具时，增塑剂就有可能被孩子的身体吸收。一些研究表明，增塑剂会损害孩子的性器官发育。

双酚A是用于合成聚碳酸酯塑料和环氧树脂的化学品。一些婴儿奶瓶和其他硬质塑料玩具都可能含有双酚A。美国国家毒理学项目将双酚A归类为会对内分泌产生干扰的化学物质，尤其对胎儿、婴儿和儿童的大脑、行为和前列腺（仅针对男性而言）发育会产生一定影响。

众所周知，铅是有毒的，会危害人体健康。某些进口玩具刷的涂料中或者塑料中都能找到这种物质。铅和增塑剂很相似，可以软化塑料，并且增加塑料的柔韧性。美国疾病控制与预防中心指出，铅暴露在阳光或空气中，或者遇到洗涤剂时，就会很容易从塑料中析出来，孩子们一旦把含有铅的物体放在口中，就会吸收这种有毒物质。

镉是有毒金属，被美国卫生与公众服务部确定为已知的致癌物质。镉和铅的毒性一样，会抑制儿童的大脑发育，也有可能对肾、肺、骨骼造成损伤。

而天然木材则不含这些有害物质或添加剂。自制玩具可以让您确切地知道孩子在玩什么。您可以亲自挑选材料，为孩子提供安全有趣的游戏

丝绸玩具

另一款大受欢迎的华德福开放式玩具是“丝绸玩具”。这些五颜六色的丝绸看似简单，却有无尽的变幻。一件仙女服就只能是仙女的一件服装，而一块绿绸缎今天可能是精灵的翅膀，第二天可能就会变成一片田野，供木制动物玩具嬉戏玩耍，还可以变成一捧鲜花，甚至还可以是一盘美味的蔬菜！要想给您的孩子一款“丝绸玩具”，只需裁剪出边长约61厘米、锁了边的正方形纯色织物，或者在www.Etsy.com网站上搜索关键词“Playsilk”（丝绸玩具）即可买到。

体验。再者木头本身不含有毒化学物质，可以给孩子的玩具选择无毒上光剂。无毒涂料（经美国艺术与创造性材料学会认证）比较常见，而且色彩丰富，使用简单。更棒的是，由香料、水果和蔬菜制成的染料会有一种天然的香味。您也可以涂上自制蜂蜡以保持颜色的清新，让木制玩具保持良好的状态，同时也避免了危险的化学上光剂带来的危害。

从生态学的观点来看，选择木制玩具对于保护地球生态是有益的。木材是可再生资源，与塑料不同，木制玩具可以被降解，回归大自然。而且，木制玩具比塑料玩具更耐玩，可以减少运往垃圾处理站的废弃玩具数量。

木制玩具的另一个优点是，不需要源源不断的昂贵电池提供能源。想象一下，在您想要安静的时候，家里不会有现代塑料玩具发出的令人讨厌的噪声和不停闪烁的灯光，多么美好啊。这一优点真是让人受益无尽。

华德福教育

华德福教育由鲁道夫·史代纳于1919年在德国创立，其理念是鼓励人们热爱学习、发展自我意识以及关心他人和世界。华德福教育法注重孩子的全面发展——不仅关注学生智力的发展，还注重身体、精神和情感等方面的全面发展。华德福学校强调人应该具备创造性以及对艺术和大自然的欣赏能力。其科目的教学顺序不同于传统的学校教育，而是遵循儿童的自然发展阶段进行规划。通常情况下，从小学教到中学，老师会带着同一个班级，以便在老师和学生之间建立其真正的纽带。华德福教育的首要目标是培养所有儿童对学习的内在热爱。如今，华德福教育遍布全球83个国家，拥有900多所学校。

几种简单的方法可以将华德福教育的理念融入孩子的教育中。本书聚焦于手工制作开放式玩具。开放式的天然玩具是华德福传统教育中的一个基本要素，因为它们能够激发孩子们想象力和创造力的发展，以及对学习的热爱。华德福教育认为想象力是每个人健康发展的核心。寓教于大自然是华德福教育传统中的另一个关键性概念——让孩子的一生都与大自然为伴。要唤醒孩子对生命之美的好奇之心，大自然里的一切起着关键性作用。此外，按照季节的更迭庆祝不同的节日也是华德福教育的一个传统，鼓励孩子们与我们所处世界的节奏相协调。

自然展示台

孩子走出家门，在大自然中走一走，一定会发现一些小“珍宝”。不同季节孩子们会发现不同的“珍宝”，我的孩子喜欢把石头、树叶、橡子、花朵、贝壳和松果等装满小口袋。“自然展示台”是一个宝藏库，用来存放孩子找到的所有“珍宝”。这样可以将户外的自然环境带到家里，让孩子每天可以生活在自然之中。有许多有趣的方式可以装点您的自然展示台，试着在其中放一些木偶、积木甚至一些丝绸玩具，营造一个绿色的森林、蓝色的海洋或其他自然景观。您没有必要花太多功夫去精心装饰自然展示台，而且最好是留有足够的空间来放置一些小玩意儿。

第一部分　准备工作

1

基本步骤

本书的作品都是按照以下几个简单步骤制作的。有些玩具在作品制作页里明确写出了额外步骤；假如您没有看到额外步骤，那就按照这里所列的步骤来制作玩具。

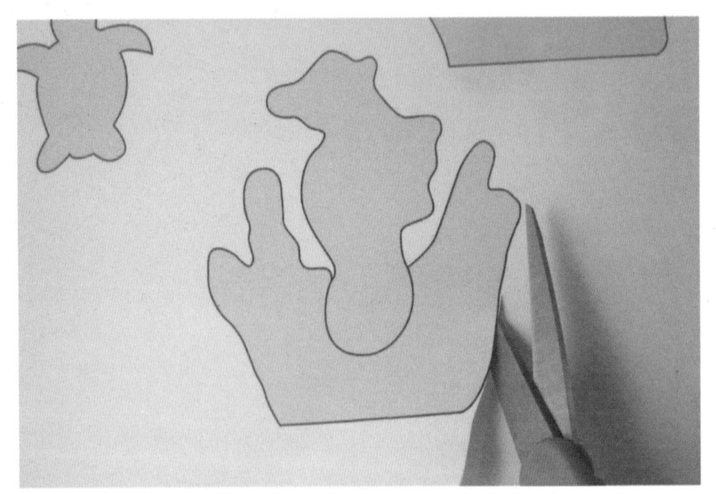

1 **复印图样并裁剪出来。**先复印图样，然后用剪刀剪出图样。

2 **描图样。**先将图样放到木片上，然后用铅笔沿四周描出图样形状。

3 **切割出玩具。**沿着描出的图样线用钢丝锯、手弓锯或带锯切割出玩具。

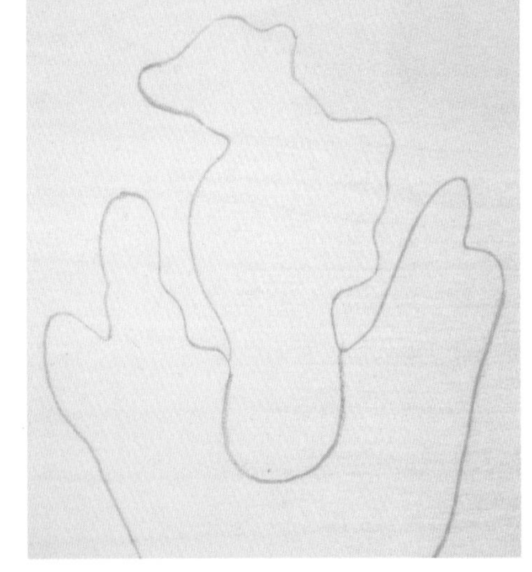

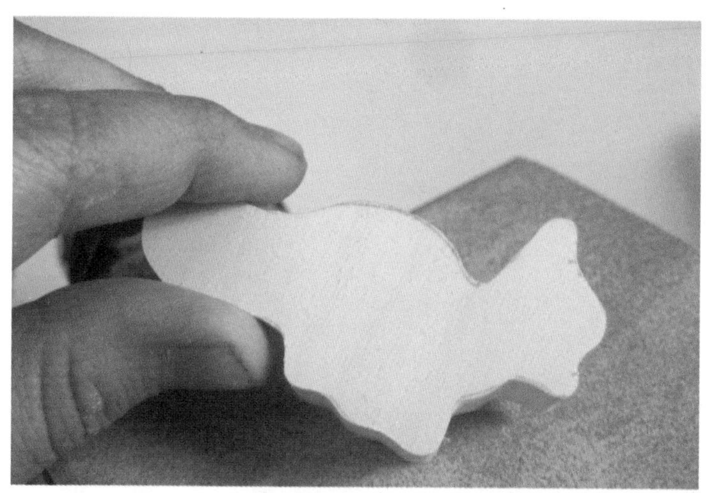

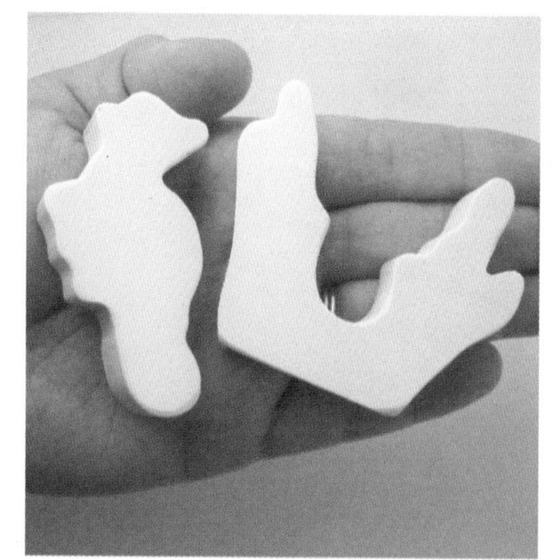

4 **磨光玩具**。用手控打磨机或砂纸把玩具的边缘和表面磨光。

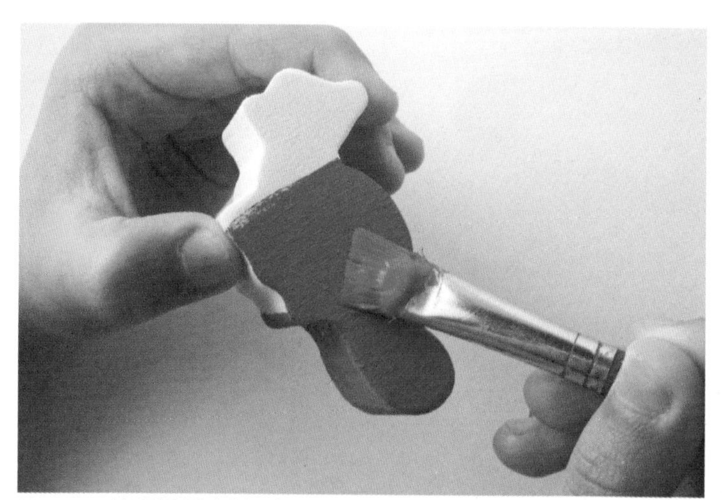

5A **给玩具刷涂料**。有两种方法给玩具上色。第一种方法是用无毒涂料上色（参看第34页）。涂料的好处是固色，而且色彩丰富。顺着木头纹理涂刷会取得最佳效果。

5B **用染料给玩具上色**。第二种方法是用天然染料给玩具上色（参看第38页）。这种方法适合给整片木块涂色，因为颜色可以顺着木纹扩散开。

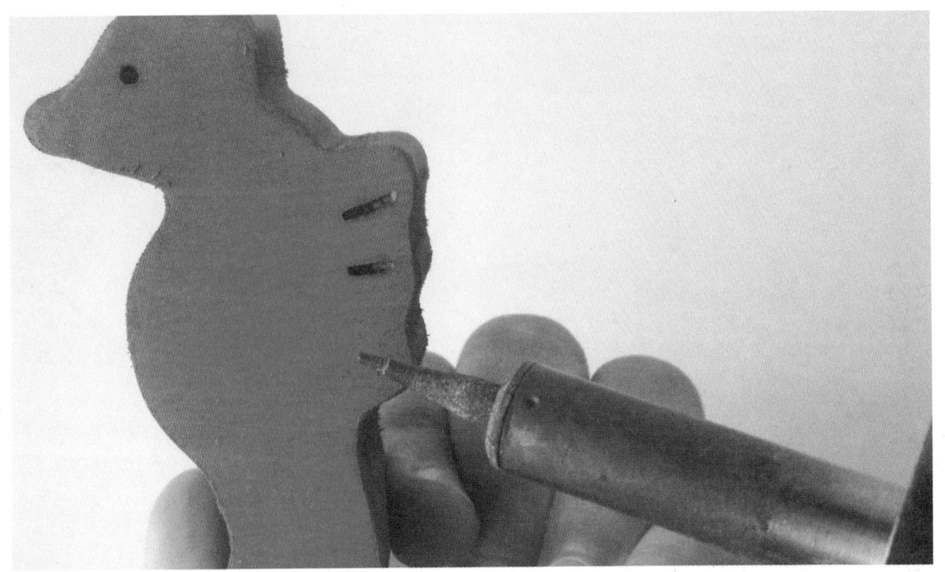

6A **用木刻烙铁做细节。**有两种方法可以给玩具增加细节。第一种方法是用木刻烙铁烫出细节。

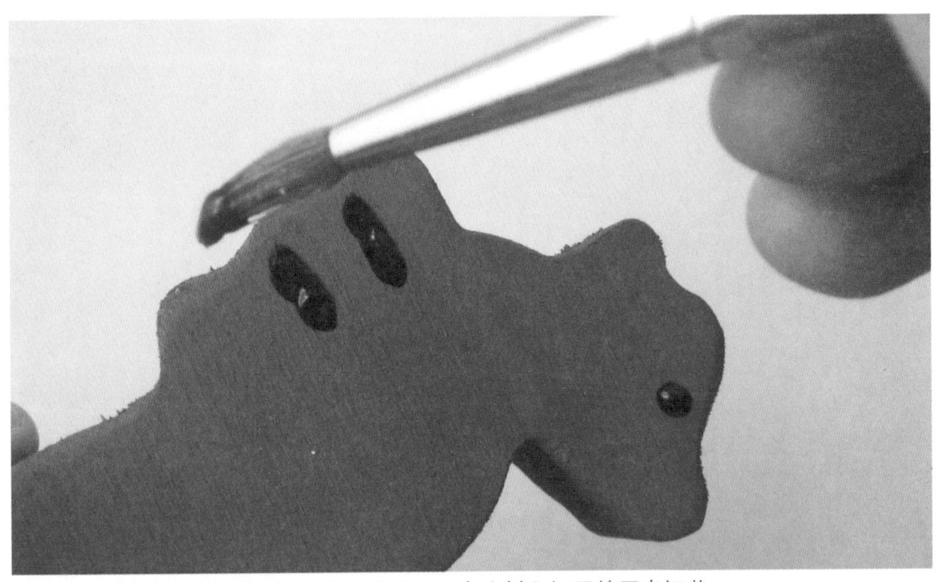

6B **用涂料画出细节。**第二种方法是用无毒涂料和细画笔画出细节。

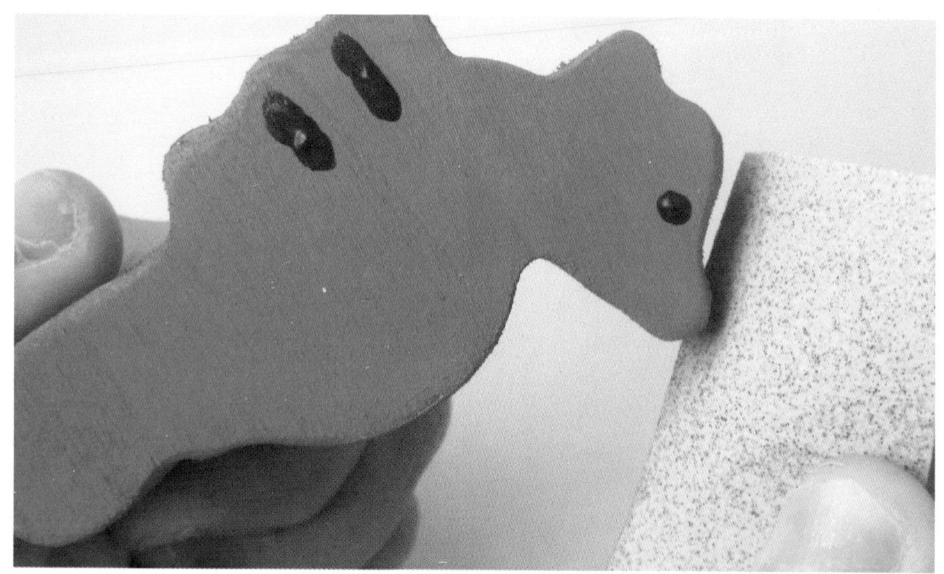

7 **磨平粗糙的表面。**涂料或染料干了以后，轻轻地用砂纸把粗糙的表面打磨光滑。

8 **在玩具表面涂上天然固色剂。**最后，在玩具上涂上蜂蜡和油（参看第54页）。

木材的选择

要做出漂亮的、能当传家宝的玩具，最重要的步骤就是木材的选择。要充分考虑木材的品种，因为不同的树种与生俱来的特质，比如木材的可加工性（硬度）和木材本身的颜色也不一样，如果您不曾制作过这些作品的话是不会体会到这些的。无论您选择哪种木材，以下几点要素决定了您用选择的木材制作的玩具是否经久耐用。

木材的质量

本书中大多数作品所用木料为1.9厘米厚，15厘米宽。您采购木材时，一定要检查木材是否弯曲、有凹痕、开裂或者是否受潮。不要选木结太多的木块，因为木结较硬，在制作玩具时不好处理，而且木结有可能会脱落。把您选择的木块想象成画家的画布吧，您一定希望它平滑无瑕，对吧？

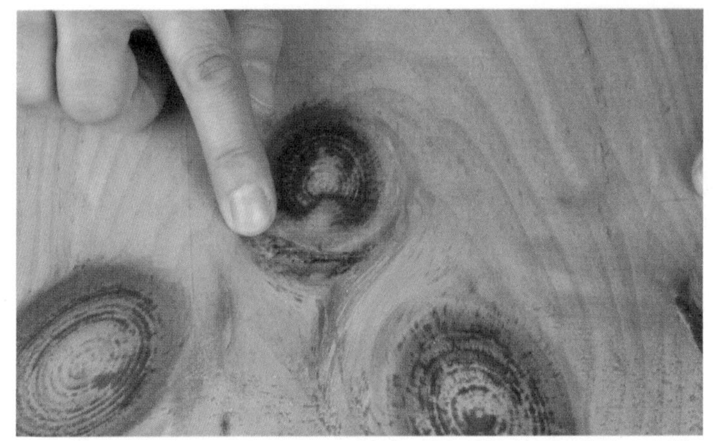

如上图所示，木结硬度大，钢丝锯不易切割。最好不要选带结的木块。

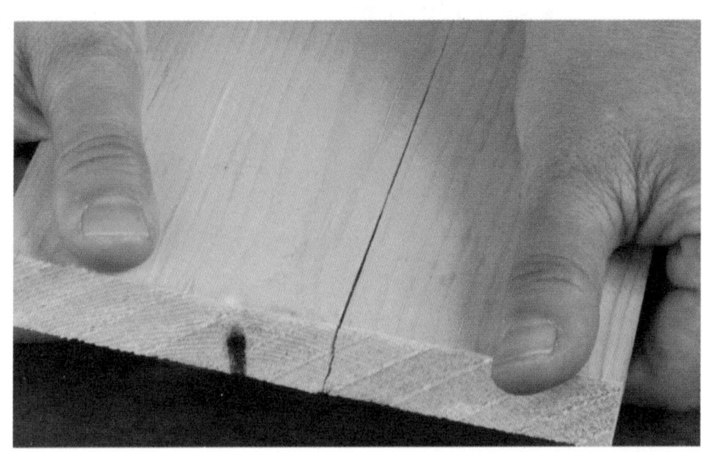

木块开裂可不是一种好迹象。要挑选漂亮的、平整的、完整的木块。

椴木是非常受欢迎的木刻材料，以纹理平滑而闻名，是制作彩绘玩具的理想木材。

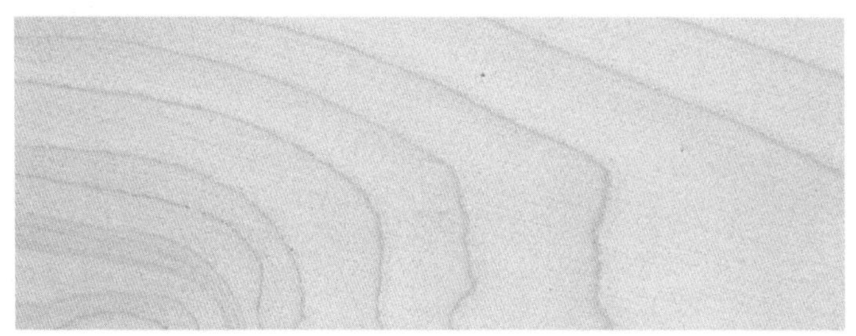

杨木木质光滑，颜色浅，适合制作色彩艳丽的彩绘玩具。

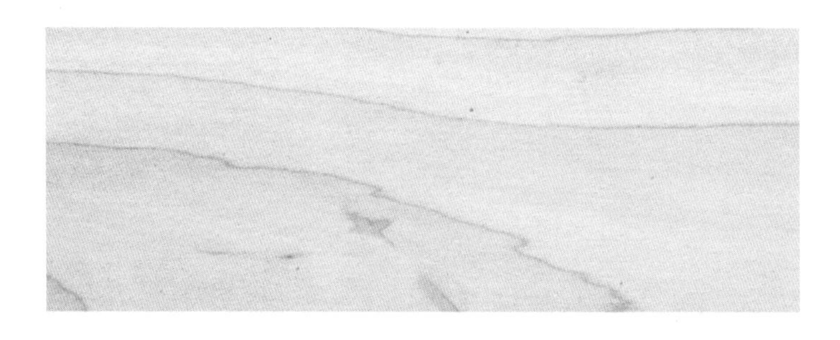

山茱萸木是有功力的雕刻者的最爱，具有浅浅的木色，很适合染色。

刷涂料和染色的理想木材

有几种木材容易刷涂料或是上色，适合做玩具。能够制作玩具的木材的关键性特点是木色浅，接近无色。这样，您在给新作品上色时，颜色才会真实。用来制作彩绘木制玩具的木块一定要光滑，没有木结，这样容易上色。白杨木、杨木、松木和椴木颜色浅，价格低廉，易于制作，并且容易涂上鲜艳的颜色。

棕色和焦糖色木材

本书中的许多玩具，如熊妈妈和熊宝宝、马和刺猬的皮毛就是棕色和焦糖色的，而有些木材本身就是这种颜色，如胡桃木、樱桃木、柚木等。这些木材天然的暖色调，美丽、丰富、醒目，和这些动物的皮毛颜色相吻合，用这样的木材制作的动物玩具可以不上色。只需要切割出动物的形状，用木刻烙铁刻画动物的眼睛、鼻子等细节就可以了。

胡桃木的颜色是深棕色，适合制作熊妈妈和熊宝宝这样的玩具。

柚木色泽金黄，是制作干草垛的不二选择。

橡木有点难切割，但是颜色漂亮。

樱桃木带有自然的红棕色，也适合制作玩具。

紫色调的紫心木适合制作魔法棒的顶部。（图片由阿巴莫特提供）

紫檀木的橘红色很醒目。

斑木树木材的纹理使其可以制作斑马，只需要把马的图样改一下就可以了。

进口木材

许多进口木材色彩丰富，如紫心木或紫檀木，颜色看起来令人愉悦，可以做星形魔法棒的顶部。这些木材自带天然色彩，本身就很漂亮，没有必要上色。时时处处留心，总会在不经意间找到制作木制玩具的完美木料。逛当地木材店时，看看有没有什么吸引人的木材。如果木材店有废料箱，那您一定要留心，即使最小的边角料都可以用来制作林地里的小动物或者魔法棒的顶部。尽情遐想，尽可能地发挥您的想象力吧。

其他木制配件

本书中一些玩具都有其他配件，比如暗榫、车轮和轮轴。这些配件通常可以在木艺商店、手工艺品店或是手工自助商店里买到。如果当地买不到这些配件，那么就在网上购买。

树枝的选择与前期处理

树枝可以用来制作魔法树屋（参看第90页）和四季树（参看第92页）。找一些新伐的粗细合适的树枝，切割成合适尺寸。有两种方法用来干燥树枝和防止霉变：您可以把树枝放在通风良好的地方自然干燥，每隔几天翻动一下，以便干燥均匀；您也可以把树枝放在包了箔纸的烤盘上，放入烤箱，温度调成200℃，或低于200℃，烘烤3~5小时，其间偶尔翻转一下树枝，以便干燥均匀。干燥的树枝相对轻一些。若需要可以用砂纸将其打磨光滑，再涂上一层蜂蜡或抹上一层油。

1 **准备树枝。**寻找粗细合适的新伐的树枝，切割成合适尺寸。

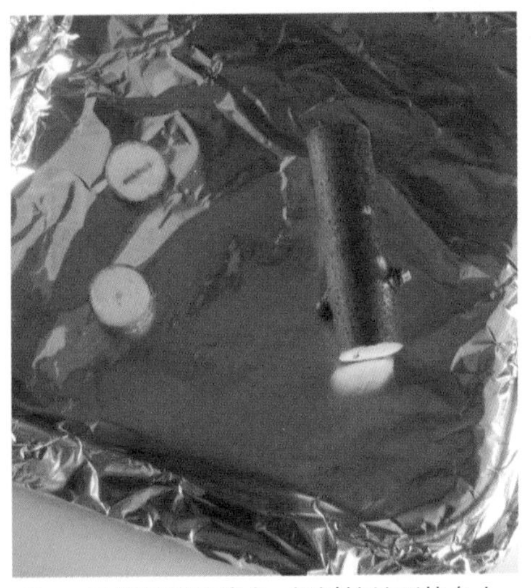

2 **用箔纸覆盖烤盘。**把树枝放到烤盘上。

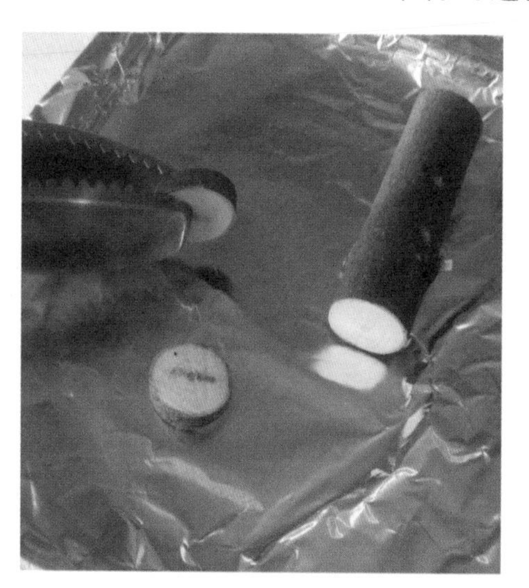

3 **烘干树枝。**烘烤木头的温度不要超过200℃，烘烤3~5小时。其间偶尔翻转一下树枝，以便烘烤均匀。

4 **打磨树枝。**等树枝凉了以后，轻轻地用砂纸把它打磨光滑。

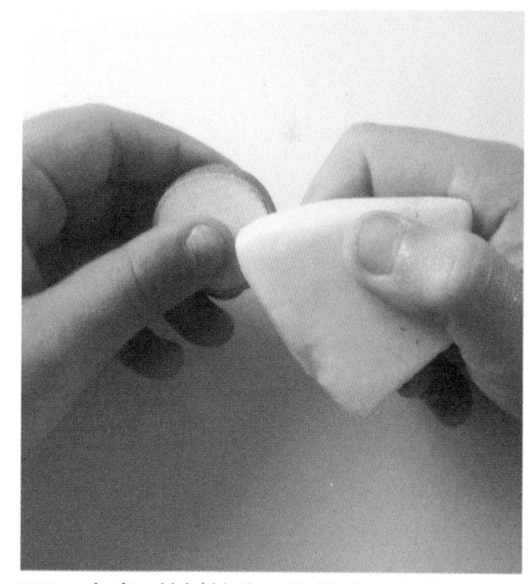

5 **上光。**给树枝涂上蜂蜡或上光油。

工具

制作本书中的玩具只需要一些相对普通的工具就可以了，如钢丝锯、手控打磨机，偶尔会用到电钻。带锯和手弓锯（参看第24页），在大多数玩具的制作中可以用钢丝锯代替。本书的宗旨就是尽可能地让玩具制作简单、可行。您不需要一整套专业修车工具来制作这些充满创造力和趣味性的木制玩具。

钢丝锯

选择钢丝锯要注意一些重要的特征，首先就是锯喉深度。锯喉深度是指锯条与后机架之间的距离。典型的锯喉深度有40.5厘米和46厘米，这两种型号的钢丝锯皆可以满足本书中的玩具制作需求。

另一个需考虑的因素是如何控制钢丝锯的速度。较旧型号的钢丝锯普遍只有1~2挡的速度设定，而较新的型号通常可以变速。变速锯可以更为方便地控制锯条速度，并且可以在进行细节切割时适当减慢锯速。使用中速的挡位即可完成大多数玩具的制作。

还需要注意锯条的张力调整系统。钢丝锯有两种锯条可供选择——销端锯条和平头锯条。平头锯条的种类比销端锯条更多一些。但是对新手来说，销端锯条比较容易安装。有些钢丝锯配有锯条张力调整系统，既可以使用销端锯条，也可以使用平头锯条。

手弓锯的使用

如果没有钢丝锯，可以用相对便宜点的手弓锯来完成本书中的玩具制作。该锯有一根薄薄的锯条安装在其金属框架里，且锯条易于更换。安装锯条时要确保锯齿朝手柄——锯条是以推拉的方式进行切割的。要切割本书中用到的2厘米厚的木板，需要使用每英寸（1英寸=2.54厘米）含10颗或15颗锯齿的锯条。

学完这些技巧后，用手弓锯切割曲线就会很容易了。务必记住一点：使锯条垂直于木材表面进行切割。如果不这样做，锯边就会歪斜。试着练习转动手柄上的锯条，不断调整锯条，以获得最佳的锯切角度。

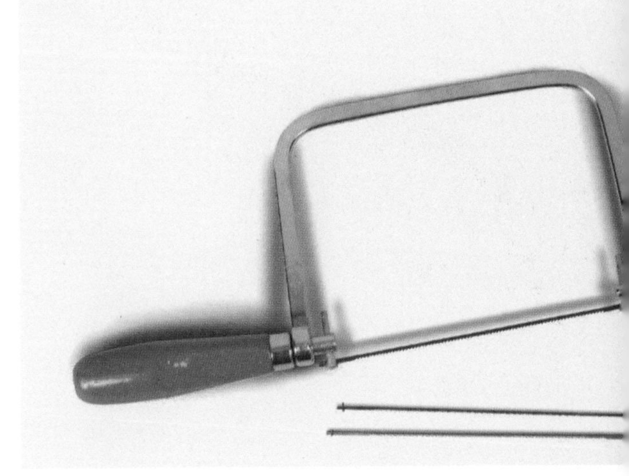

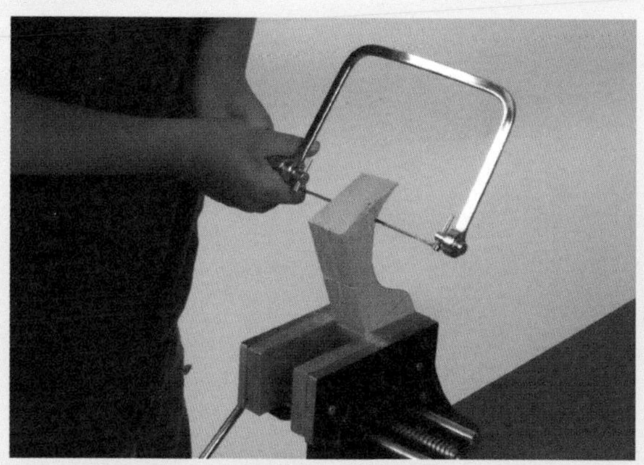

1 **固定木块。**使用台钳（如图所示）或工作台（如步骤2所示）夹住木块的多余区域，或者将木块夹在两块较薄的小木片之间，以保护成品木制玩具的面。双手握住手弓锯，轻轻锯出较短的切口。

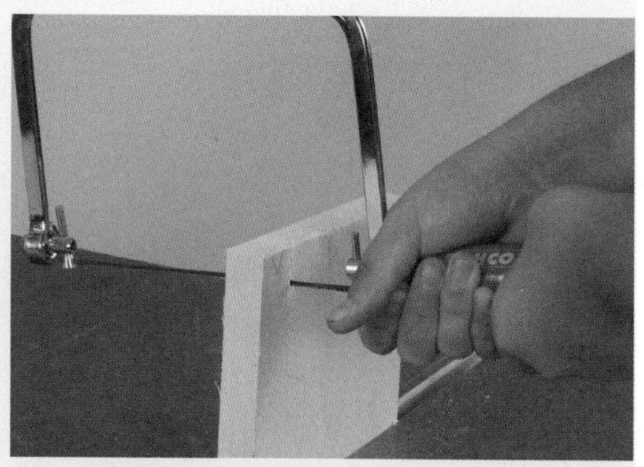

2 **沿轮廓线切割。**锯的时候用手弓锯的锯条全长沿着画好的图样轮廓线来锯。没必要锯得太快，注意动作要缓慢平稳，逐渐掌握使用窍门。

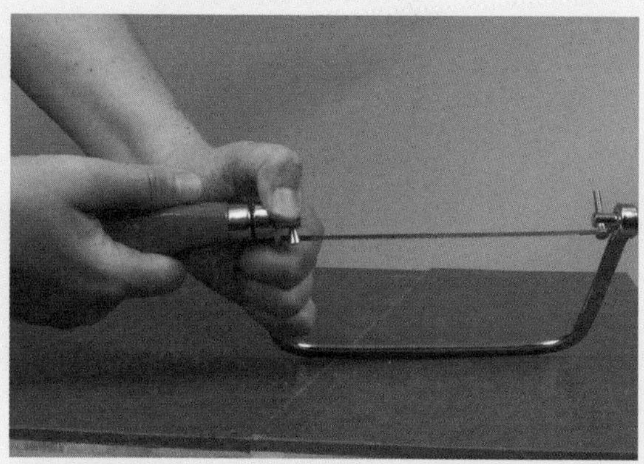

3 **转动锯条。**在沿着图样轮廓线锯的时候，有时需要将锯架移开。这种情况下，只要松开手柄，将锯架和锯条转到所需要的位置，然后拧紧就可以了。但是要确保锯条本身没有扭曲，否则会断掉。

4 **继续切割。**如图所示，锯齿仍然沿着图样轮廓线切割，但是锯架转到了另外一边。切割完成后，记得停下来将锯条转动到需要的位置。

手控打磨机

您可以手工打磨，但有一种简单的方法可以加快整个打磨过程，并且可以将玩具表面打磨得更加光滑，那就是使用手控打磨机。手控打磨机并不是很昂贵，而且会大大缩短打磨时间。这是一种小型手持式电动打磨工具，将砂纸固定在打磨机可移动的平面上。

观察砂纸的表面砂纹，您会看到许多砂粒。砂纸的型号越低，砂粒越粗。最初打磨时用150号砂纸比较好。要是染色后打磨，可以试着用细砂海绵砂纸。如果使用小心得当，海绵砂纸不但不会损毁涂料，还可以去除染色过程中产生的粗粒（或者还会将玩具表面打磨得格外光滑）。

如果您一次只制作一个玩具，只需要确保将碎木片夹在玩具两边，牢牢地将它固定。但是，如果您一次要做一批玩具，可能要考虑制作手控打磨机的支架（参看右边）。夹住打磨机后就不用再固定玩具了，这样在制作大批玩具时会节省时间。

手控打磨机支架

为手控打磨机制作一个底座支架，可以帮助初学者轻松地进行精细的打磨工作，且造价低廉。这样做最大的好处就是可以在打磨时解放双手，尤其在打磨诸如城堡、粮仓等大件玩具时特别有用。架置打磨机还可以更精确地打磨一些小物件，比如积木中最小的那块或者动物玩具。

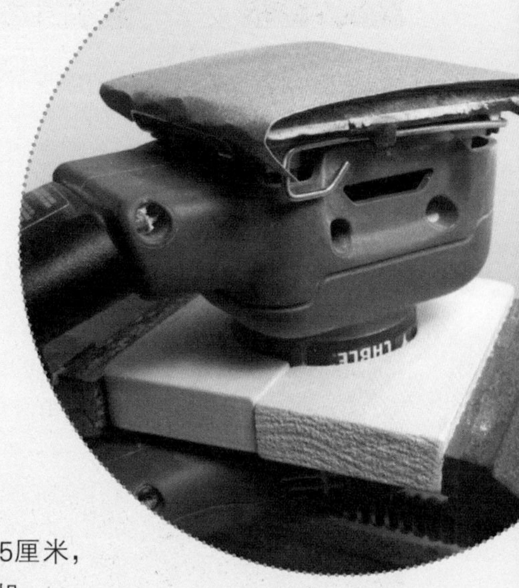

工具和材料

台钳
木块若干，约15厘米×15厘米，
　大小取决于您的打磨机
钢丝锯、带锯或者手弓锯
电钻（可选）
螺钉，约 2.5厘米长，长于支架短边的一半（可选）
比螺钉略细的钻头（可选）
螺丝刀（可选）

1 **勾画出轮廓线。**把手控打磨机置于木块中间，砂面朝下，在砂垫周围勾画出轮廓线。

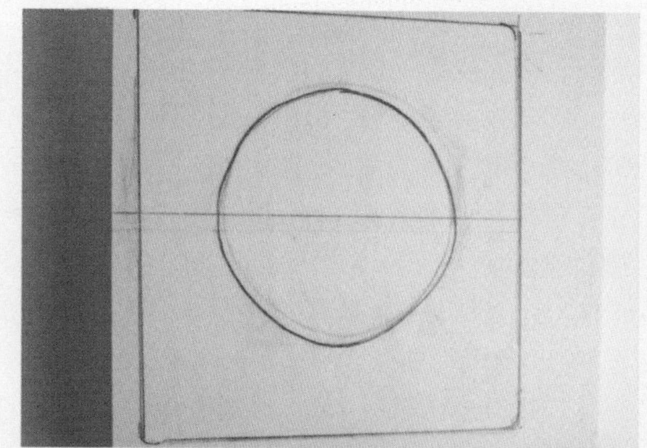

2 **画一个圆。**找出手柄最狭窄的部分，在刚刚画的正方形中间画一个稍大点的圆。稍后把这个圆切掉，这样手柄就可以放进挖出的槽里了。从正方形的一条边画一条线到对边，这条线可以把圆切分成两半。

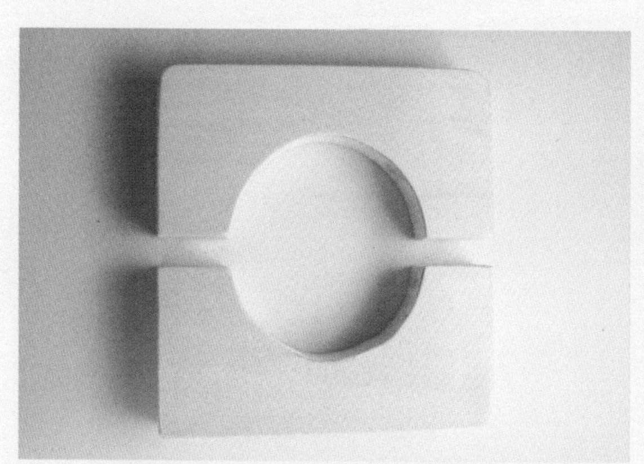

3 **把支架切割出来。**首先把正方形切割出来。接着，沿着正方形木块上那条平分内部圆的线切割。最后，把两块木块上的半圆切掉。现在，您有两块木块了，把这两块木块合在一起，就可以和手控打磨机的手柄配套。

4 **完成支架制作。**为了获得额外的强度，请夹紧这两块木块，钻一个与短边平行的孔。钻头直径一定要比螺钉直径小一点。将这两块木块固定在手控打磨机周围，上好螺钉。夹住支架，使砂面朝上，将其放到台钳上。现在，打磨前的准备工作已经完成。

电钻

尽管没有大量的钻孔工作，本书中制作的部分玩具还是需要用电钻来钻孔。例如，车辆需要钻孔安装轮轴；制作粮仓或城堡时需要在木块两边钻孔，用来连接相邻木块；一些玩具需要钻孔来安装暗榫。在购买电钻时，确保它有可变的速度和反向设置。市面上有一系列尺寸的钻头，可以分批购买或单独购买。最好手头有几个尺寸不同的钻头，如直径0.5厘米、0.6厘米和0. 8厘米的钻头。

二手工具

全新的工具都比较昂贵，买齐了花销可不小。为了节省启动成本，购买工具时要有创意。车库旧物摊（将家里的旧家具、旧衣物等摆在自家的车库里或车库附近出售）、房前旧物摊（在私家车库出售家中旧物）甚至分类广告网站上都卖二手工具。如果可以的话，买二手工具时可以带一些熟悉木工艺或电动工具的人前去。另外，别忘了问问周围的人，可能在亲戚或朋友的车库里就有某个您需要的工具。

描绘或复印图样

将工具准备齐全，选好您要制作的玩具，把图样描绘或者复印到纸上。然后，沿着线将图样剪下来。现在准备在木块上勾画出所选图样。建议用铅笔尽可能轻地来描绘图样，这不仅会减少以后去除线条时打磨的工作量，也不会在描绘图样时留下凹痕。您也可以用复写纸。自制复写纸也很简单。只需用铅笔将一张纸完全涂上阴影，把涂色的一面贴着木块放，把需要的图样画在自制复写纸上，然后图样就描绘下来了。

使用钢丝锯的技巧

熟练使用钢丝锯首先要了解钢丝锯。使用钢丝锯时有许多要注意的因素：锯条张力、锯条类型、锯速、木材种类和木材纹理。实践是学会使用钢丝锯最好的方法。

锯条张力

把握好锯条的张力才能将玩具轮廓切割得光滑而又不损坏锯条。锯条的伸缩性非常小——如果拉伸恰当的话大概也只能拉伸0.3厘米。如果您弹一下锯条，就会听到“叮”的一声。太松的锯条在切割时可能会左右摇摆，从而导致玩具轮廓切口弯曲或者不平整。松弛的锯条如果按得太紧也容易断裂。

注意不要用夹钳将锯条夹太紧，因为固定的螺钉可能会滑丝。如果锯条总是夹不紧，就用砂纸把锯条和螺钉的末端打磨得粗糙些，这样就夹紧了。

锯条类型

选择合适的锯条类型会省去很多麻烦。我认为冠齿锯条是制作玩具的绝佳选择。使用这种锯条切割出的玩具边缘光滑，制作小型木制玩具比如动物和人物形象的玩具时，曲线边缘处理得非常好。

木材因素

不同种类的木材有着不同的特性，这种特性也影响玩具制作的切割方式。白杨木和松木木质较软，因此相对于胡桃木或枫木等更为坚硬的木材来说更容易切割。切割硬木更费时，但钝锯条锯起来会更快些。

另一个需要注意的要素是木材的纹理，特别是挑选出的用来制作玩具的木块。木纹会影响木制玩具的结实度。顺着木纹切割出来的木制玩具会更结实些，与木纹垂直切割出来的木制玩具就不那么结实了。

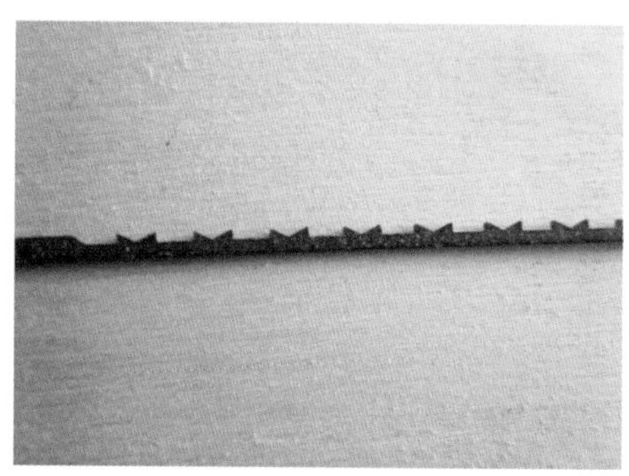

冠齿锯条是本书玩具制作的绝佳选择。

切割技巧

使用钢丝锯时，注意要用力均匀、稳定。轻轻地将锯齿嵌入木块，小心不要用力过大，不然薄薄的锯条会断裂或者很快变钝。

准备切割时，要谨记锯条有一定的弹性，木块必须保持一个小角度，才能切出直线——这倒是有点挑战性。锯木块时一定要慢而稳。如果需要用手推着木块才能锯开，那就该换个锋利些的新锯条了，要么就锯得慢一点。

如果在锯木块的时候，切口边总是烧焦，可以在木块上贴上几层透明包装带来解决这个问题。锯条急速摩擦时，包装带就会熔化，这样就有一定的润滑作用，可以减轻锯条和木材之间的过度摩擦。在锯像樱桃木和柚木这样的硬木时，或者是快速锯木块的边角时，您会经常遇到这种情况。

轻轻地把木块推到锯刃上，慢慢地沿着画好的线切割。

由于锯条是固定的，您往往需要转动木块，以略微倾斜的角度来切出您想要的直线。

切割直线

在开始学习使用钢丝锯时，最好的方法是练习切割直线。找块木块，用尺子比着从头到尾画条直线。把这条铅笔线与钢丝锯的锯条对齐，以中速开始切割。

要成功切出一条直线的话，木块与钢丝锯之间必须保持一定的角度，通常偏左，但是在实际操作中，要根据情况寻找合适的角度。之所以要有这样一个角度，是因为在锯条制造过程中难免会使得锯条的一边比另一边更锋利——锯条会沿着阻力最小的路径切割，所以无法切出完美的直线。每次更换锯条时，角度都会有所变化，但经过练习您就会逐渐找到手感。

切割曲线

切割出完美曲线的关键就是动作要连贯。一定要以缓慢而平稳的力道来推送木块，这样切口和切出的曲线都会比较连贯、平滑。注意看锯条切割处后面的位置，这会帮您预测以怎样的方式引导木块往前慢慢推进。关键是要记住，您是在转动木块，而不是锯条，务必保证锯条在正确的路径上切割。

切割弯角和拐角

弯角和拐角看起来可能会让人望而生畏，别担心，只要有耐心，再稍加练习，很快就能掌握切割技巧。和之前讲的一样，关键是操作时动作要缓慢而平稳。

快要到转弯处或拐角处时，要放慢速度，做到心中有数。强行转弯只会导致锯条断裂，而且摩擦力太大会烧焦木块边缘。慢慢地、小心地转动木块，让锯条在正确的路径上切割。您也可以转动得快一些，但动作务必平稳。如果木块转得太猛，那锯条很有可能会折断。

如果弯角处有多余的木料，您就可以在这片区域切出一个环形空间。这个环形空间，可以让您有地方来转动木块，使锯条对准转弯的另一侧进行切割。

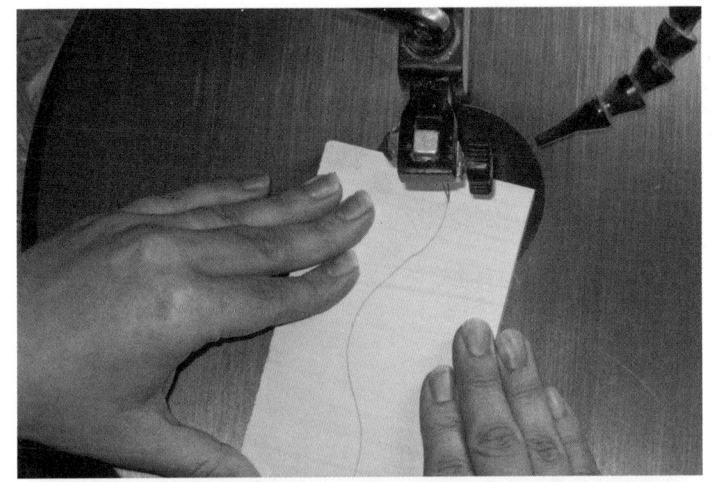

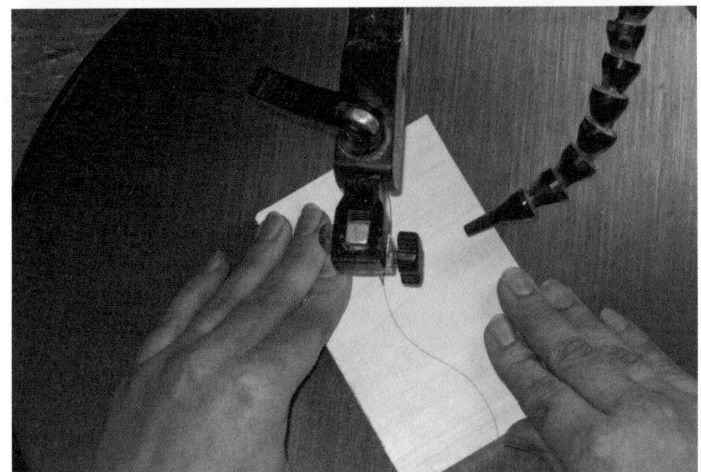

切割曲线时，用手转动木块，确保锯条按照铅笔线切割。

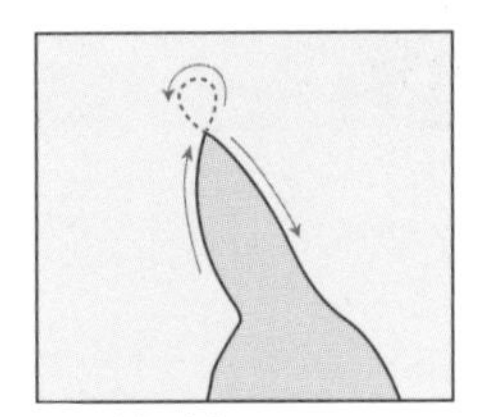

环形切割。

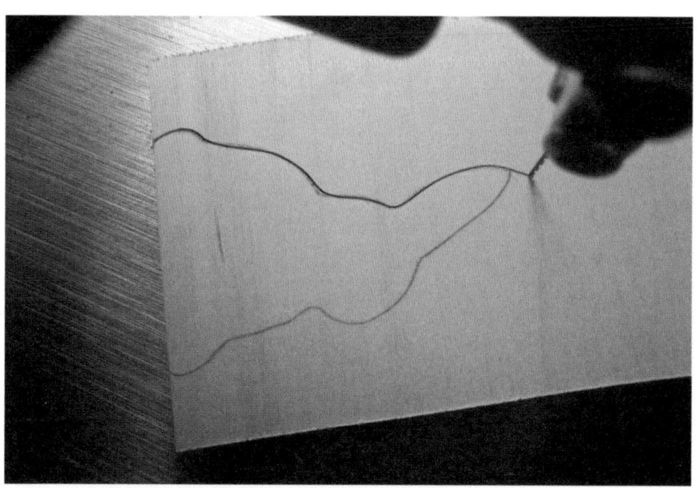

如果切割弯角，可以沿着切线切到多余木料区。

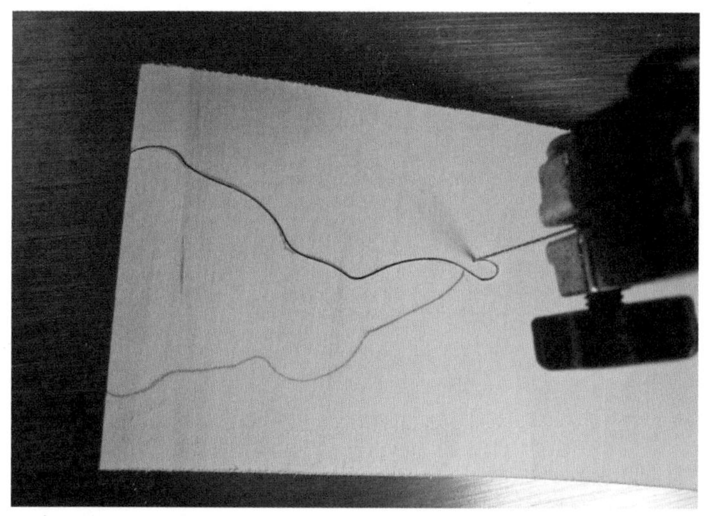

切出一块环形区域后再沿线切割另一半，容易吧？

切割练习

要想练习新学的切割技巧，一个简单又有用的方法就是制作一组积木。要有创意！制作各种不同形状的积木吧：三角形、圆形、半圆形、梯形、正方形甚至有趣的波浪形。您没有必要出去买木料，一块差不多大小的废木料就可以做积木。

打磨

切割好这些木块后，下一步就是将边角处打磨光滑，孩子们的小手摸着也会比较安全。对于大多数玩具而言，初次打磨使用150号的砂纸效果就很好。

有一个很棒的方法可以加快初次打磨过程，那就是使用手控打磨机。不用花时间手工打磨，您可以既轻松又快捷地将大多数手控打磨机转换成迷你打磨台（参看第26页）。

刷涂料或染色后，为使表面光洁，需要再次进行打磨处理。在这一步骤中，请使用中等型号的细砂纸。最后一次打磨时要小心操作，以免将涂料或染料磨掉。如果不小心蹭掉了些颜色，只需补色即可。

第二部分　玩具安全

1

涂料

选择玩具涂料最重要的要素是安全无毒。在本部分，您可以看到如何制作五彩缤纷的无毒涂料，用以装饰您制作的天然木制玩具，以确保孩子的安全。

1

安全

ACMI AP
认证标志

在美国，寻找安全无毒的儿童玩具涂料时，一定要选择带有美国艺术与创造性材料学会（ACMI）的AP认证标志的涂料。具有ACMI AP认证标志的产品，通过了医学专家的毒理学评估认证，不含有毒或有害的物质，不会对人类造成危害，不会引发急性或慢性潜在健康问题。这些产品通过ACMI AP认证，与ASTM D 4236艺术材料毒性标识法案（LHAMA）的认证标准相符。

涂料的使用

丙烯酸树脂漆和水彩是两种常见的涂料，这两种涂料色彩丰富。与水彩相比，丙烯酸树脂漆不会褪色，但两者都是不错的选择。

可以将涂料从管子里挤出来直接使用，也可以把不同颜色的涂料混合到一起，组成颜色深浅不一、色调不同的涂料。我建议把涂料稀释一下，这样透过涂料可以看见木头纹理。稀释的涂料更容易渗透到木头里，不易褪色。

色相环

记住：不需要有很多管涂料来调配您想要的色彩。正确利用色相环，用三原色调配出需要的色彩。红、黄、蓝（第37页最大的三个色点）是三原色。三原色之间中等大小的色点是间色，是由相邻两种原色混合到一起形成的。红色和蓝色混合到一起变成紫色，红色和黄色混合到一起变成橘色，蓝色和黄色混合到一起变成绿色。这样，您可以把原色和它旁边的间色混合到一起形成更多的渐变色，那么在间色之间可以获得更多不同颜色的小色点。再把两种间色混合到一起，或是把其他原色与间色混合到一起……您可以得到许多种不同的颜色。

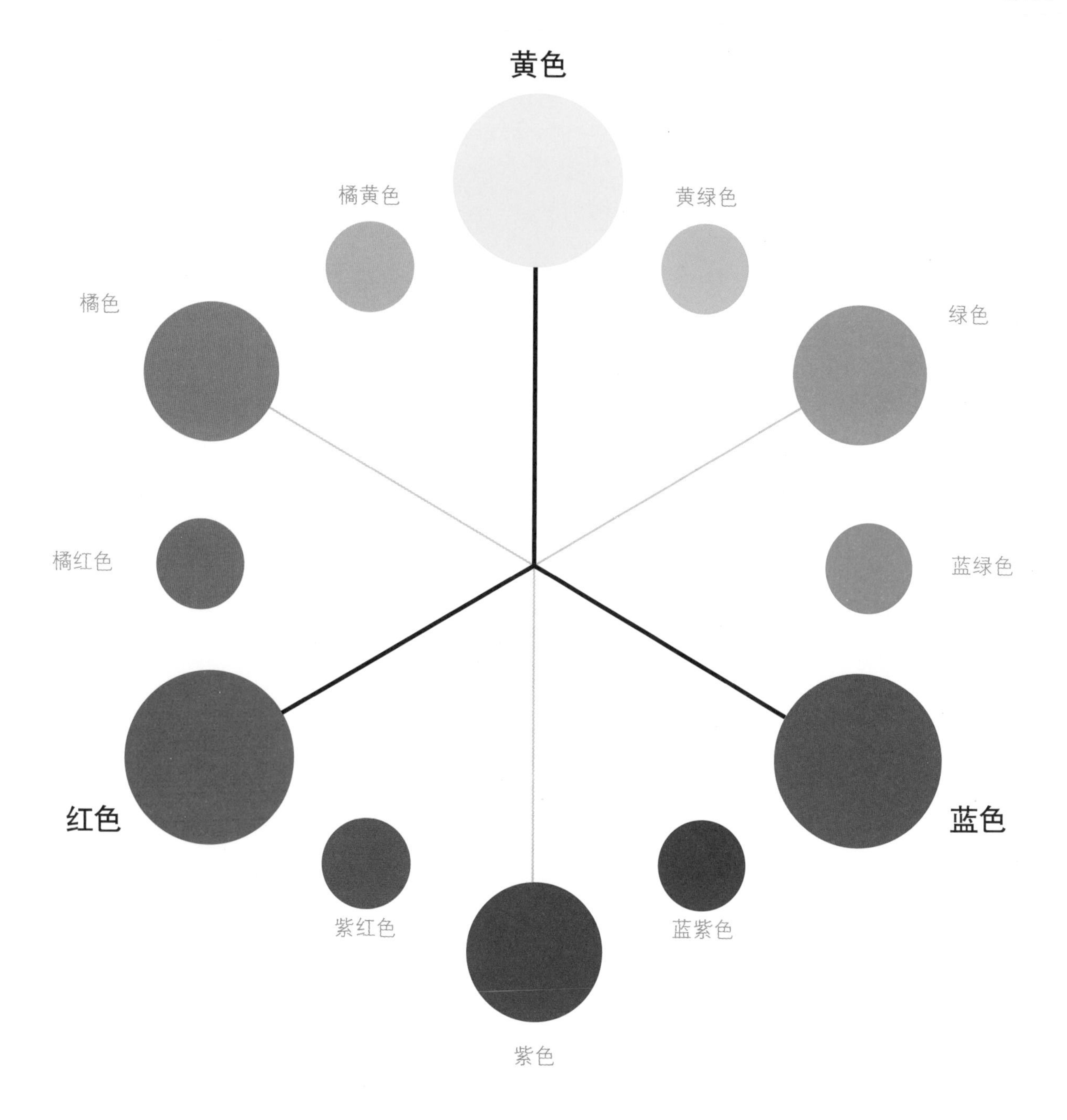
黄色
橘黄色
黄绿色
橘色
绿色
橘红色
蓝绿色
红色
蓝色
紫红色
蓝紫色
紫色

2

天然染料

给您的作品上色的另外一种方法是用天然染料，这些染料来自天然原料，如调味料和各类植物。用天然染料可以得到各种各样的美丽颜色。这些天然染料颜色没有涂料那么鲜艳，但是可以让玩具有一种柔和的天然颜色。天然染料最好用于染纯色玩具，不要染需要画细节的玩具，因为染料会随着木头纹理洇开。同样，天然染料会褪色，没有涂料的颜色那么持久，所以玩具上色后要涂一层蜂蜡做上光剂（参看第54页）。下面多数制造天然染料的材料来自您的厨房或后院。要想让您的玩具色彩鲜亮，一定要用浅色木头来制作玩具。多涂几层，颜色会更鲜艳。

覆盆子

红菜头

辣椒粉

姜黄粉

菠菜

蒲公英叶

牛至叶

紫甘蓝

蓝莓

黑莓

咖啡

红茶

调味料等

厨房里的多种调味料和其他食物可用于制作天然染料。这里，我分享一些用姜黄粉（染出明亮活泼的黄色）、辣椒粉（染出温暖的橘色）、咖啡（染出浓郁的棕色）和红茶（染成柔和的棕色）染成的几块木块。仔细查看食品柜，找一些粉末或颗粒状的东西，这些物品看起来或亮或暗，可以用来制作染料。

姜黄粉是黄色染料的来源，辣椒粉是橘色染料的来源。用姜黄粉或辣椒粉制作染料时，取1/2茶匙的调味料加1/4杯开水。将调味料放入玻璃碗中，边徐徐倒入开水边轻轻地搅拌。水和调味料混合以后，等其彻底冷却，将调味料糊涂在玩具上，让其彻底干燥，刷掉调味料颗粒。用蜂蜡上光固色。

1 **量出所需调味料。**取1/2茶匙的调味料放进玻璃碗中。

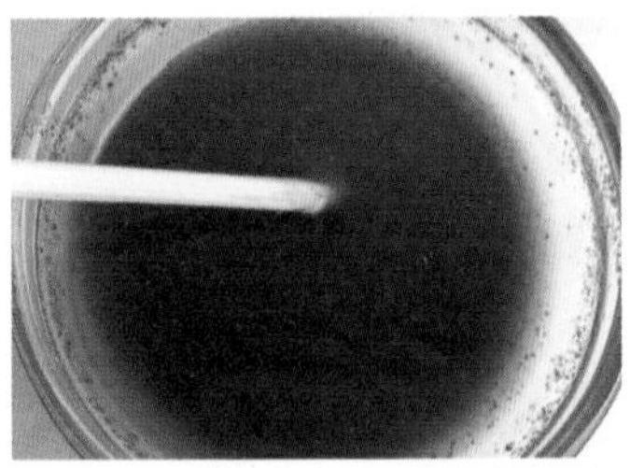

2 **加入开水。**在调味料中加入1/4杯开水，边慢慢加开水边轻轻搅拌调味料。

3 **上色。**用画笔将调味料糊刷到木块上。

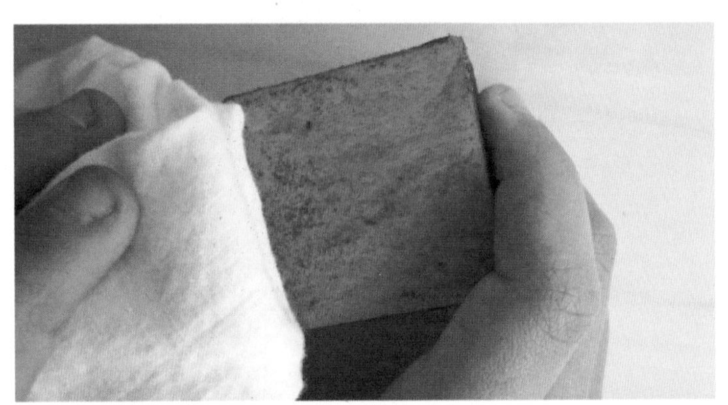

4 **清理掉多余调味料颗粒。**等木块干了以后，用一块布擦去多余的调味料颗粒。

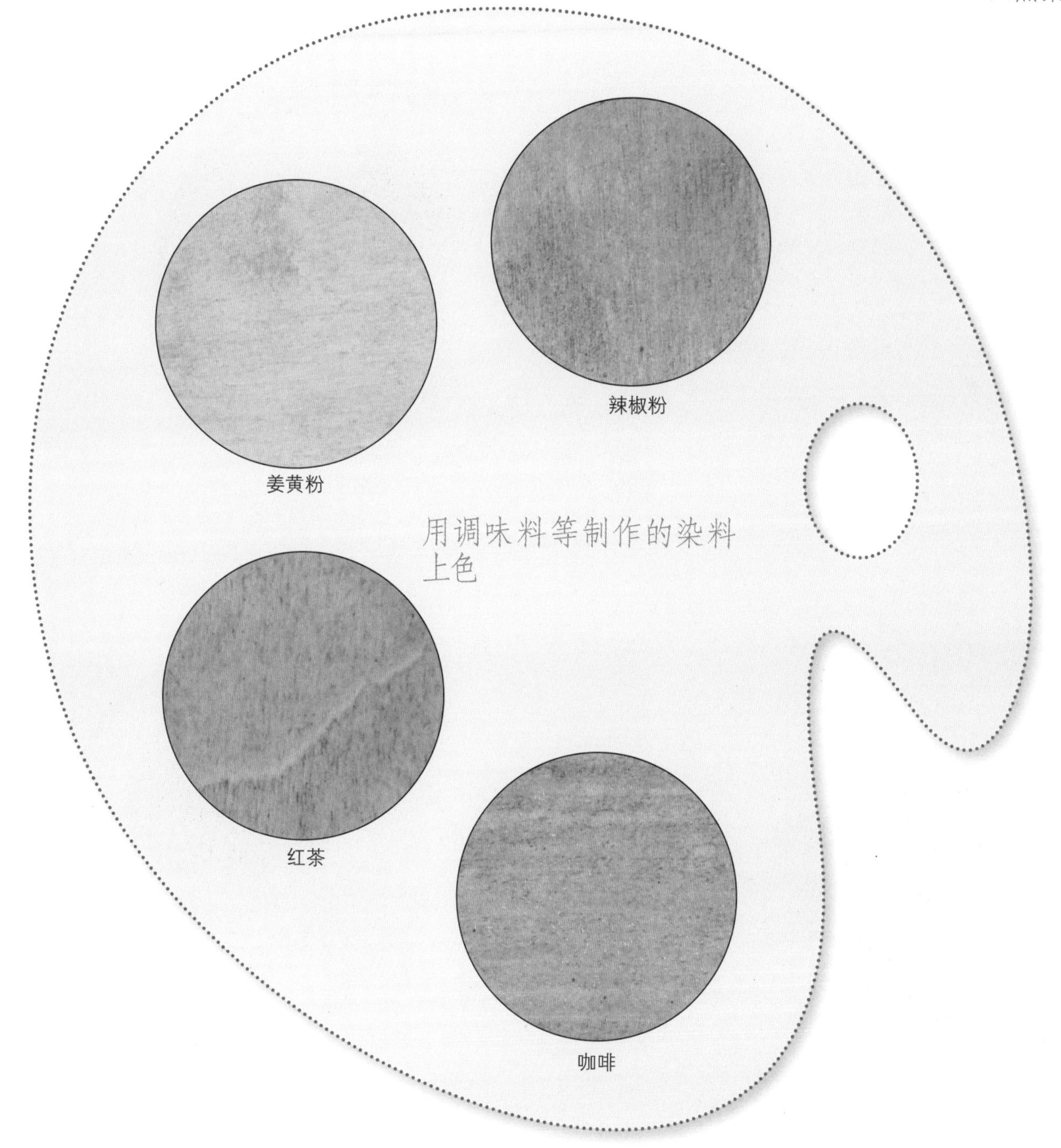
姜黄粉
辣椒粉
用调味料等制作的染料上色
红茶
咖啡

浆果类和蔬菜类

多数颜色亮丽的天然染料来自水果或蔬菜。制造这种染料的最佳方法是从水果或蔬菜中提取汁液。如果该果蔬多汁，比如浆果，则将其压碎取汁。如果果蔬比较坚硬，比如甜菜或胡萝卜，则需要将其切碎，然后浸泡在水或醋中取汁。除了此处展示的几款果蔬之外，您还可以在杂货店或农贸市场的农产品货架上找到更多可以制造染料的果蔬。如果是从野地里摘的果子，首先鉴定是什么植物以确保其无毒，这是非常重要的。

1 **压碎浆果**。取一把浆果，放到玻璃碗里压碎。然后把压碎的浆果放到小锅里加热，这样可以提取更多的果汁。

2 **过滤果汁**。准备一个碗，用过滤器把果汁过滤到碗里。

3 **上色**。用画笔把染料涂到木块上。

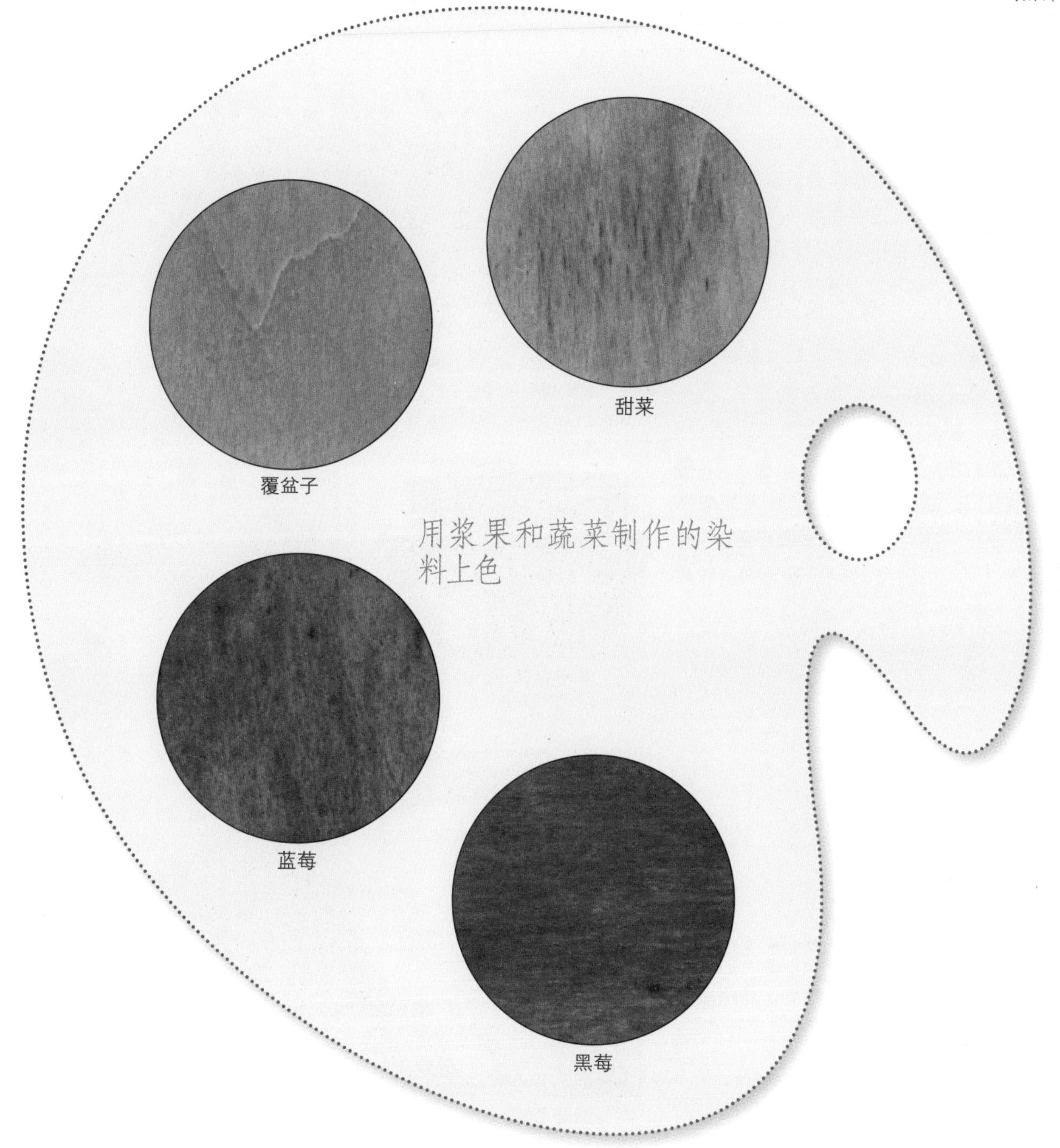
甜菜
覆盆子
用浆果和蔬菜制作的染料上色
蓝莓
黑莓

植物叶子

植物叶子是绿色染料的绝佳来源。菠菜叶是深橄榄绿色的，而野生的紫罗兰叶则呈现出明亮的绿色。您可以在院子里随意地寻找各类植物的叶子，比如蒲公英叶或青草叶，只要确保叶子无毒即可。要想了解植物是否有毒，请参考野外指南。

从植物叶子中提取染料的最佳方法是：取1/8~1/4杯的新鲜植物叶子，加一点水，一直煮到叶子变软；凉凉以后，用煮软了的植物叶子擦木块。上色之后，等木块变干，清除叶子残渣。如果您想要颜色更绿一点，重复以上步骤即可。涂色满意之后，用砂纸轻轻打磨玩具，然后涂上光蜡。

1 **采集植物叶子。**采集1/8~1/4杯新鲜植物叶子。

2 **煮植物叶子。**锅里加少许水，煮到叶子变软。

3 **用煮过的植物叶子上色。**凉凉以后，用煮软了的植物叶子擦木块。

4 **清理木块。**上色之后，清除叶子残渣。如果您想要颜色更绿一点，重复以上步骤即可。

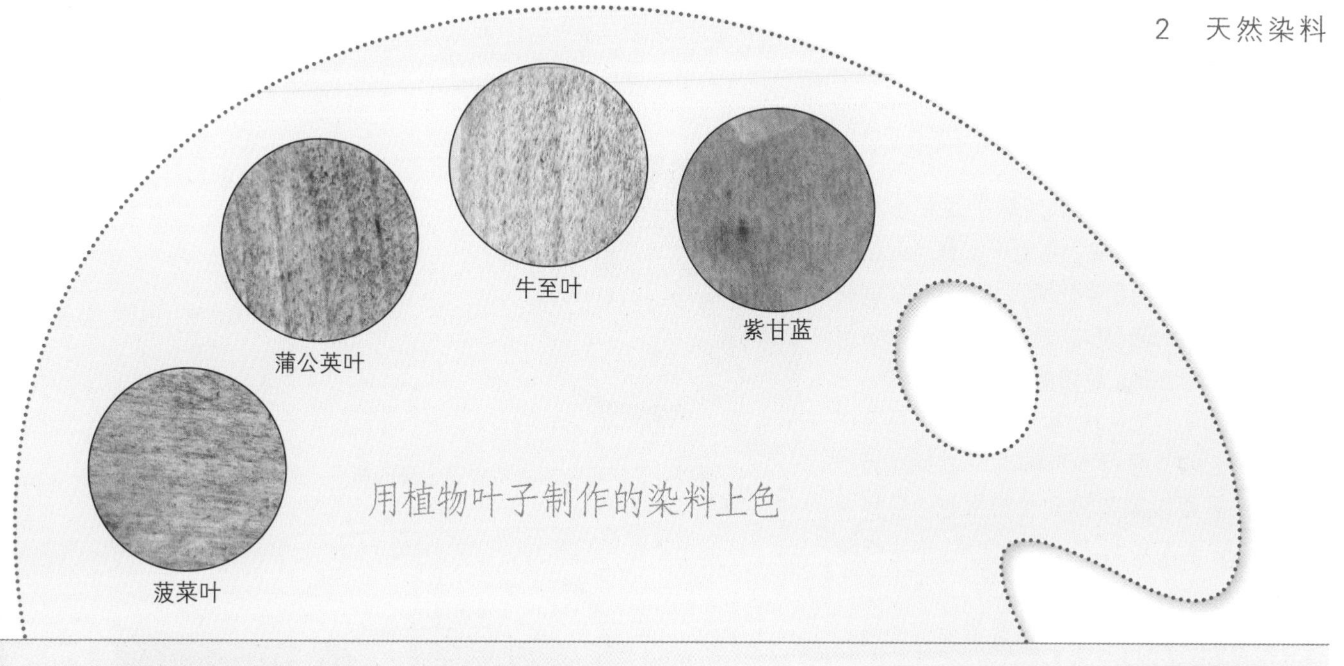

用植物叶子制作的染料上色

生蔬菜上色方法

有时，最鲜明的颜色是用木块在新切开的蔬菜上摩擦上色的。例如，我曾经试着用木块在刚切开的紫甘蓝上摩擦上色，这样木块就是淡紫色，菠菜也可以这样用。这里您看到的最鲜亮的颜色就是把紫甘蓝切开，用木块直接在切口摩擦来上色的。如果您用煮过的蔬菜涂擦木块上色不是很成功，那就试着用新鲜蔬菜直接涂色吧——您的运气会更好！

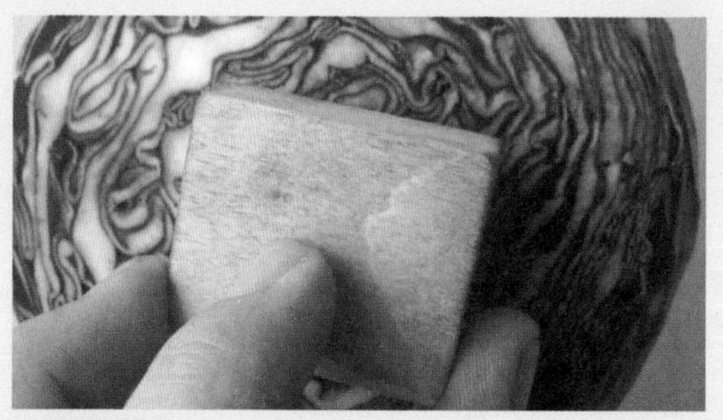
生紫甘蓝上色法

紫甘蓝

食用色素

如果找不到新鲜果蔬和植物叶子，鲜艳的食用色素可以充当颜料。液体食用色素确实不错，但我推荐使用惠尔通（Wilton）公司生产的食用啫喱色膏。很简单，加点水稀释一下就可以尽情地给玩具上色了。还可以选酷爱牌（Kool-Aid）的食用色素，适合给颜色浅的木料上色。用食用色素给木制玩具上色之后，一定要给玩具涂几层蜂蜡。不要让玩具遇水，食用色素溶于水，玩具遇水会掉色。

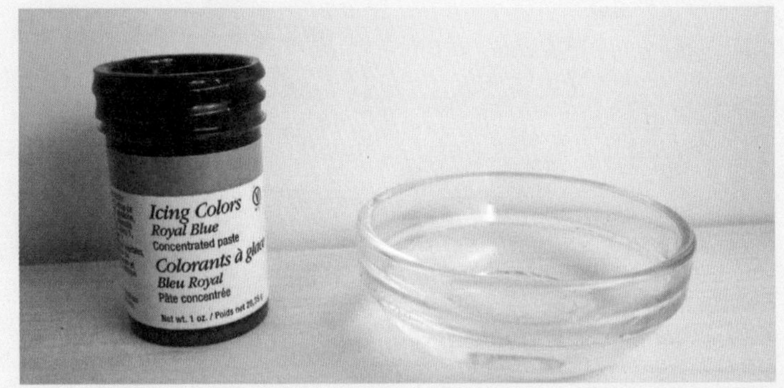

1 **选择颜色。**打开装有食用啫喱色膏的瓶子，舀出1茶匙放到玻璃碗里。

2 **加水。**加入1/4杯温水，将食用啫喱色膏和水搅拌均匀。

3 **上色。**用画笔把颜料涂到木块上。

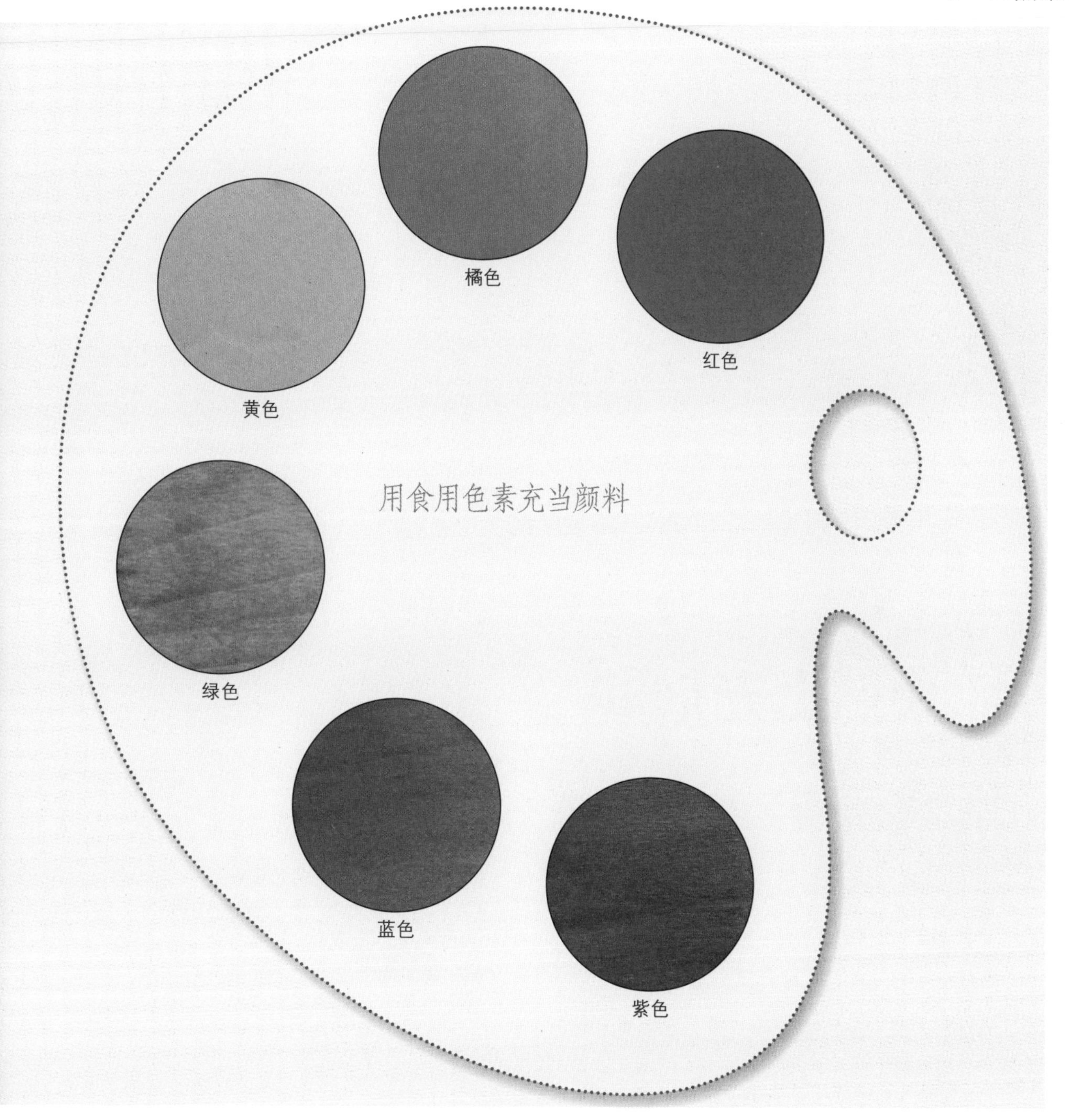
橘色
红色
黄色
用食用色素充当颜料
绿色
蓝色
紫色

3

纯天然上光剂和玩具养护

和选择涂料一样，选择玩具表面上光剂时，安全是最重要的因素。市面上销售的木制品上光剂是给家具上光的，不可用于儿童玩具。这些上光剂含有有毒的刺激性化学物质，不能够用于儿童玩具。这里有一个简单易行、花费低廉的解决办法：自己制作上光剂。制作上光剂需要两样基本材料：油和蜂蜡。

蜂蜡木制玩具上光剂

油的选择

我个人推荐使用霍霍巴油，其他的油，如亚麻油和核桃油也可以用。不推荐使用橄榄油，因为涂到玩具上以后会变质，发出难闻的气味，而且手感发黏。

蜡的选择

便宜且环保的蜡就是蜂蜡。您可以在许多手工艺店、网上购买，或在农贸市场从当地养蜂人手里购买。与蜂蜡不同，石蜡是一种石油制品，多数人认为它并非天然蜡。

加香

蜂蜡给自制的木制玩具上光剂增添了好闻的气味，还可以在上光剂中加上一两滴精油来增添香味。我喜欢用下面这些精油给上光剂加香：薰衣草精油、甜橙精油、柠檬精油和玫瑰精油。不要把未稀释的精油弄到皮肤上——反复接触高浓度的精油会引发皮肤过敏。

制作木制玩具的纯天然上光剂的所有材料是：蜂蜡、油和精油。

制作上光剂

用蜂蜡和油自己制作木制玩具上光剂并不难。首先要熔化蜂蜡，可以用双层蒸锅或微波炉来熔化。记住，永远不可能把残余的蜂蜡清理干净——最好有个专门的碗来熔化蜂蜡，碗里可以残余一些蜂蜡。把蜂蜡熔化以后添加油和精油，混合后彻底冷却。软蜡笔一样的黏稠度较合适，比油画棒稍微硬一点。

1 **熔化蜂蜡**。熔化蜂蜡有两个基本方法。用炉子熔化的话需要一个双层蒸锅。如果没有，就用一只玻璃碗和一口铁锅组合到一起替代双层蒸锅。将玻璃碗放到铁锅里，碗底离锅底的水2.5厘米左右。如果用微波炉，那就用一个专门的塑料碗来盛蜂蜡，因为蜂蜡很难彻底清理干净。

2 **倒入熔化的蜂蜡**。把熔化的蜂蜡倒入一个小玻璃罐里，这样便于密封保存。

3 **加油调和**。加入事先选好的油。如果不确定木制玩具上光剂的黏稠度，那就等油和蜂蜡的混合物冷却后试一试。

4 **加精油**。您也可以加上几滴精油。加了精油之后，不要用微波炉加热油蜡混合物。精油易燃，切记不要在微波炉里加热。

给玩具涂上光剂

用双手轻轻地将冷却后的上光剂涂擦到成品玩具上。我发现用布料涂擦，会有纤维残留在玩具表面。上光剂还是很滋润的手霜！擦掉多余的上光剂，玩具就制作好了。孩子们很喜欢帮忙给玩具涂上光剂。让孩子们动手涂上光剂吧。和孩子们一起给玩具上光可以教育他们爱护玩具，让孩子们参与玩具制作也能给他们带来成就感。如果有剩下的上光剂，只需将储存容器盖上盖子，防止灰尘落入即可。

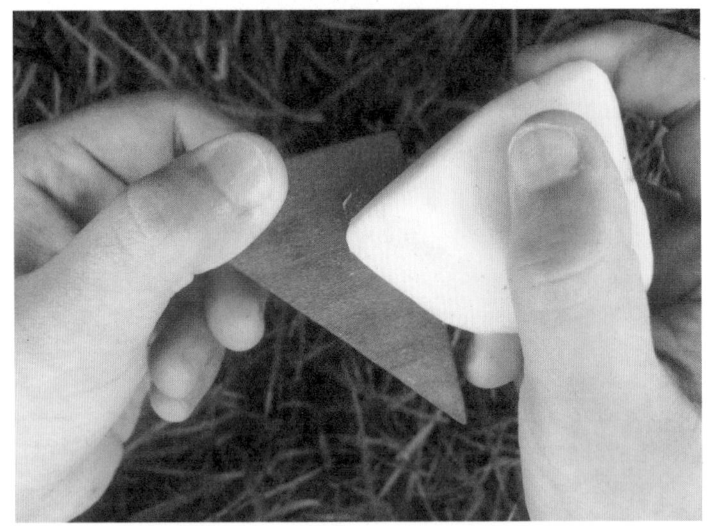

1 **涂上光剂。**给玩具涂一层厚厚的上光剂，整个玩具看起来像是蒙了一层雾一样。

2 **用力擦上光剂。**用双手将上光剂擦入木块中，表面不要残留多余的上光剂。

3 **储存上光剂。**如果上光剂用不完，一定要密封储存，留着下次使用。

木制玩具养护

玩耍时，可能会弄脏木制玩具。别担心，木制玩具的养护并不难。用布和温水把弄脏的玩具擦干净。如果玩具需要更深层的清洁，可以添加一点性质温和的肥皂。不要把玩具浸在水中或是把玩具弄得过湿，这样涂上的颜色会失真甚至脱色，更严重的是木头会变形。玩具晾干后，再薄薄地涂上一层上光剂用以滋润木头和保护涂刷面。不要用水清洗涂了食用色素的玩具，因为玩具会褪色。清洁后的玩具用干净的抹布擦干，再涂一层上光剂就可以了。

1 **制作一些肥皂水**。用温水溶化一些性质温和的肥皂，再用一块干净的布浸一些肥皂水。

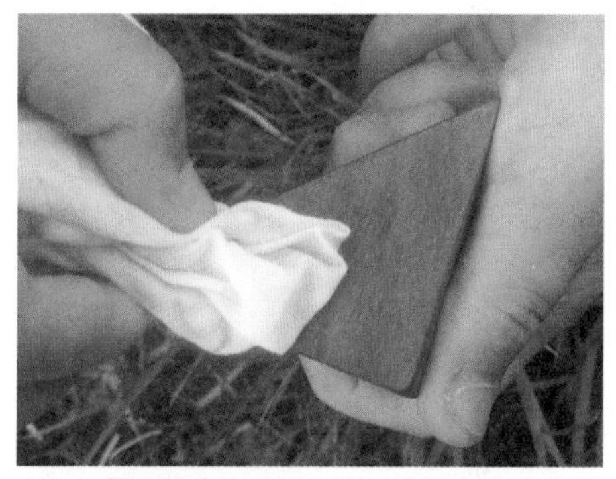

2 **清理弄脏的玩具**。用浸透肥皂水的布擦去玩具上的污垢。

3 **晾干玩具**。让玩具自然风干。

4 **涂一层上光剂**。玩具晾干以后，再涂一层纯天然上光剂来养护它。

第三部分　玩具制作

1

童话王国

有哪位小朋友不喜欢虚构出城堡、龙、公主、王子和其他许多可爱的童话人物呢?本部分您将学习如何建造一个神奇的城堡，组合一群中世纪村庄里的人物，做一只独角兽，做一对龙和它们居住的洞穴，还要做出各种各样的魔法棒等。来吧，和您的小王子或小公主一起玩道具游戏吧。

城堡

童话城堡是儿童游戏永恒的核心之一。这个木制城堡可以作为一个完美舞台，丰富孩子们的想象力，他们可以在这里玩耍几个小时。城堡折叠起来很容易收纳，并且可以随身携带。裁下的拱形木块可以当作门来使用。

工具和材料

木块，46厘米 x 20.5厘米 x 2厘米
结实的麻绳，61厘米长
无毒涂料或染料适量，灰色和棕色
钢丝锯或手弓锯
手控打磨机或150号砂纸和打磨块
电钻，直径0.6厘米的钻头
画笔
参照第72、73页图样。

额外步骤

切割出玩具形状之后，在图样指定的地方钻孔。木块上完色，取出麻绳，用麻绳把制作城堡的主要木块穿在一起。在城堡右边以90°角把角楼和主体连起来，城堡左边和边楼连在一起。将麻绳穿过木块边缘，然后把麻绳的两端拉紧，打上2~3个半结，以确保木块紧紧地连在一起。

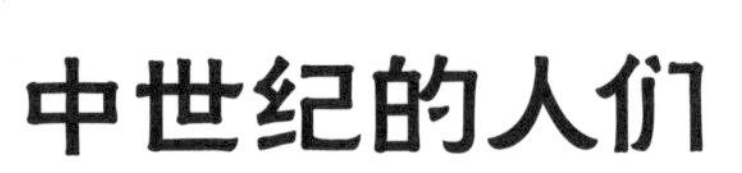

中世纪的人们

没有宫廷和王室成员的城堡是不完整的。再给这个王国创造些子民吧，让城堡充满生机！人物造型很快就切割出来了，用不同颜色的涂料把他们刷成各类人物。这些作品要用不少大小不一的木块边角料，您可以在周边的商店买到。对这些人物来说，涂料是涂色的最佳选择，水性染料不适合刻画细节（如描绘人物的面部）。如果您碰巧有一个木刻烙铁，可以尝试用烙印来修饰细节，会使这些作品更加完美。

工具和材料

木块，2厘米厚，大小不一的多块木块
无毒涂料或染料适量，各种颜色
钢丝锯或手弓锯
手控打磨机或150号砂纸和打磨块
木刻烙铁（可选）
细画笔
铅笔
参照第74、75页图样。

涂色技巧

王室成员可以加上您喜欢的任何细节。我建议在给这些小木头人上色时用细画笔。还有，若想把细节处理得更好些，先用铅笔轻轻画出线稿，再用细画笔涂色。

两条龙和它们的家

每个王国都需要一条龙，要么是来护卫城堡的，要么对城堡造成威胁，这样才有故事。所以不管您的骑士是出征征服这条龙，还是与它联手抵御入侵的军队，这条龙都是必不可少的。它嘴里的火焰形木块是插进去的，可拆卸，好似一块烤棉花糖。而同伴小龙则与它组成连队，同甘共苦。龙也有自己的山洞，这就是它们的家，这家是积木搭出来的。

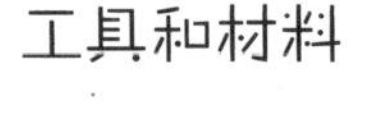

工具和材料

木块，51厘米 x 15厘米 x 2厘米
木钉，长2.5厘米，直径 0.5厘米
无毒涂料或染料适量，绿色、黄色、橘色、红色和棕色
钢丝锯或手弓锯
手控打磨机或150号砂纸和打磨块
电钻，直径0.5厘米的钻头
画笔
木刻烙铁（可选）
木工胶水
参照第76~78页图样。

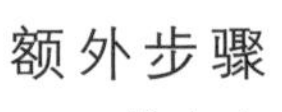

额外步骤

裁出大龙和火焰形木块之后，要给木块钻孔，以备安装木钉。将做火焰的木块与大龙榫接在一起，夹紧，这样才能露出龙的嘴部和火焰的底部。在每个部件上各钻一个直径0.5厘米的孔，然后将木钉粘到作为火焰的木块中。

独角兽

童话中的王国怎能没有一个闪亮的白色独角兽呢？公主要驯服这只独角兽，使它成为她的朋友和最忠实的战马。我把独角兽身体涂成白色，鬃毛涂成粉红色，您也可以发挥想象力把它涂得五彩缤纷、充满活力，只要您喜欢！

工具和材料

木块，18厘米 x 13厘米 x 2厘米
无毒涂料或染料适量，白色、黄色和粉色
钢丝锯或手弓锯
手控打磨机或150号砂纸和打磨块
画笔
木刻烙铁（可选）
参照第77页图样。

魔法棒（1）

这些简单但色彩丰富的玩具可以激发孩子们的想象力，他们可以在您为他们创建的城堡里扮演各类角色。装扮游戏能激发孩子们的想象力——这些魔法棒很容易而且能很快丰富孩子们的戏装。还有，如果您计划开一个有公主、仙女登场或其他有关中世纪主题的聚会，那么这些魔法棒将在聚会上广受青睐，令人兴奋不已，难以忘怀。用紫心木或紫檀木制作的魔法棒愈加完美。这真是用光您周围商店的小零碎的好办法！

工具和材料

各类木块，厚2厘米
木棒，长20.5～25.5厘米，直径1.6厘米
无毒涂料或染料适量，深粉色、黄色和蓝色
钢丝锯或手弓锯
手控打磨机或150号砂纸和打磨块
电钻，直径1.6厘米的钻头
画笔
木工胶水
缎带（可选）
参照第79页图样。

额外步骤

切割好魔法棒主体后，在底部钻孔。上完色，在钻好的孔里滴点木工胶水。将木棒插入孔中，如需要可以加上缎带，待木工胶水干了魔法棒就做好了。

放大图样

将图样放大到165%，获得实际尺寸。

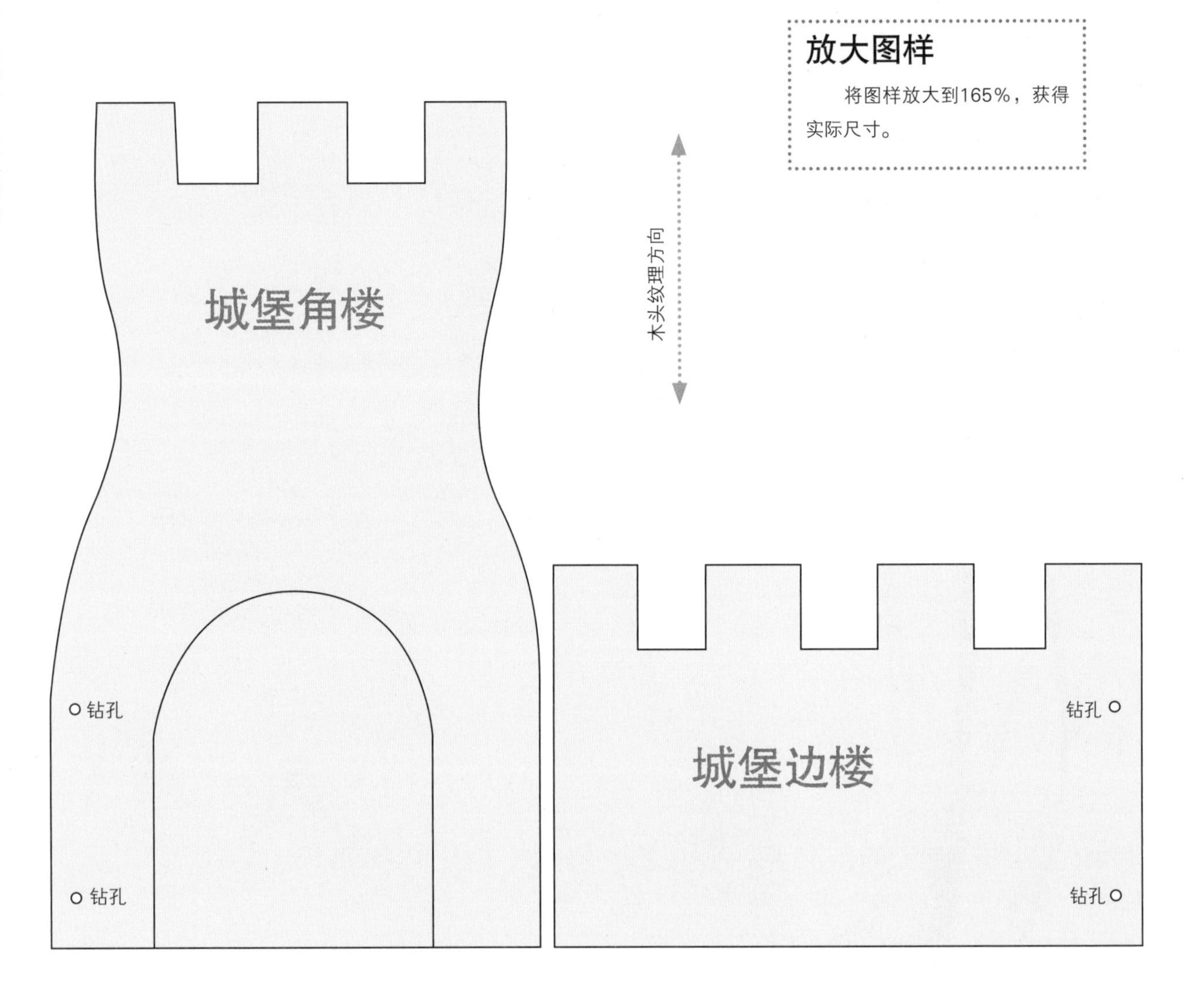

注：图样与作品图可能有细微差异，制作时可根据喜好进行调整。

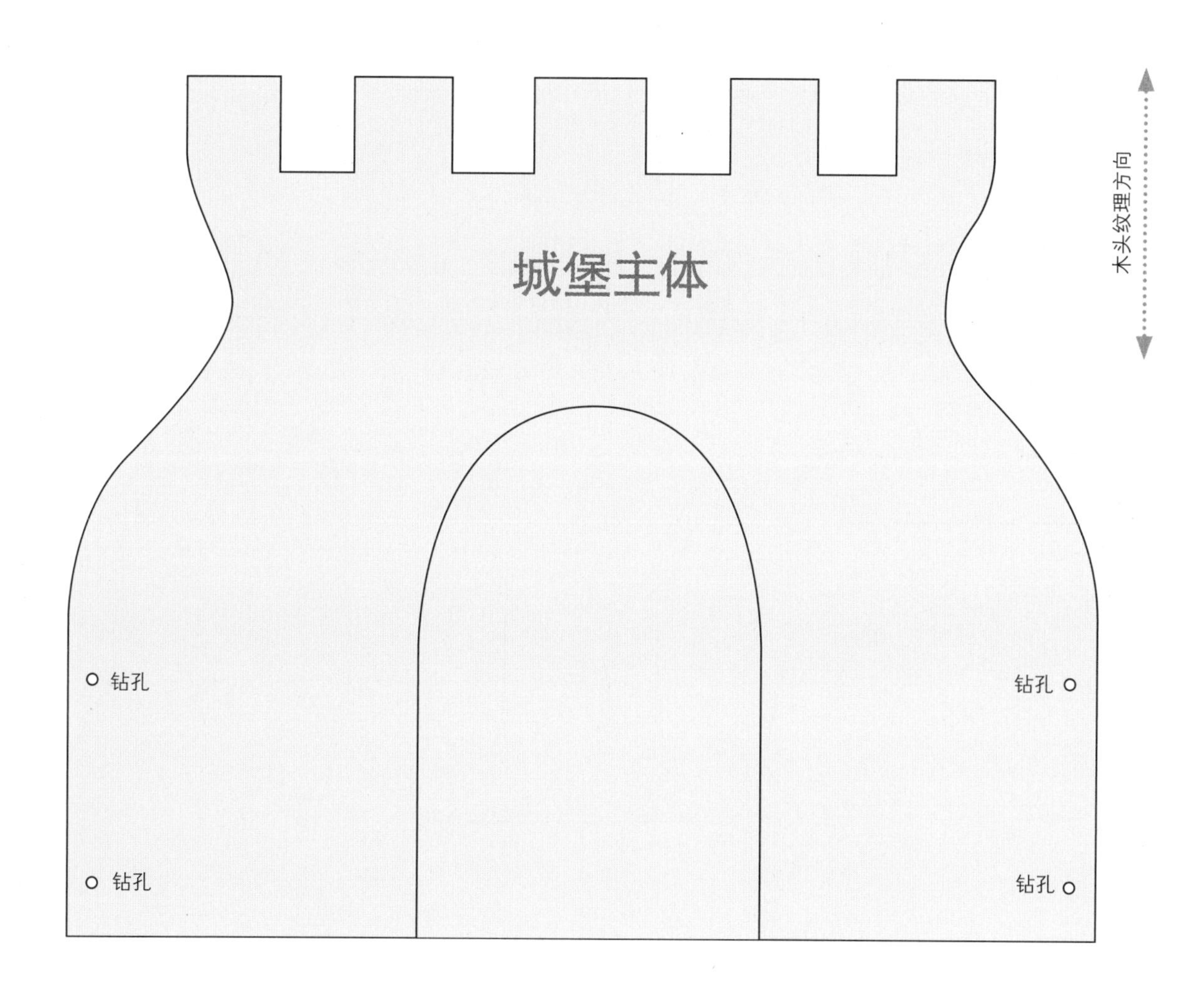
城堡主体
木头纹理方向
钻孔
钻孔
钻孔
钻孔

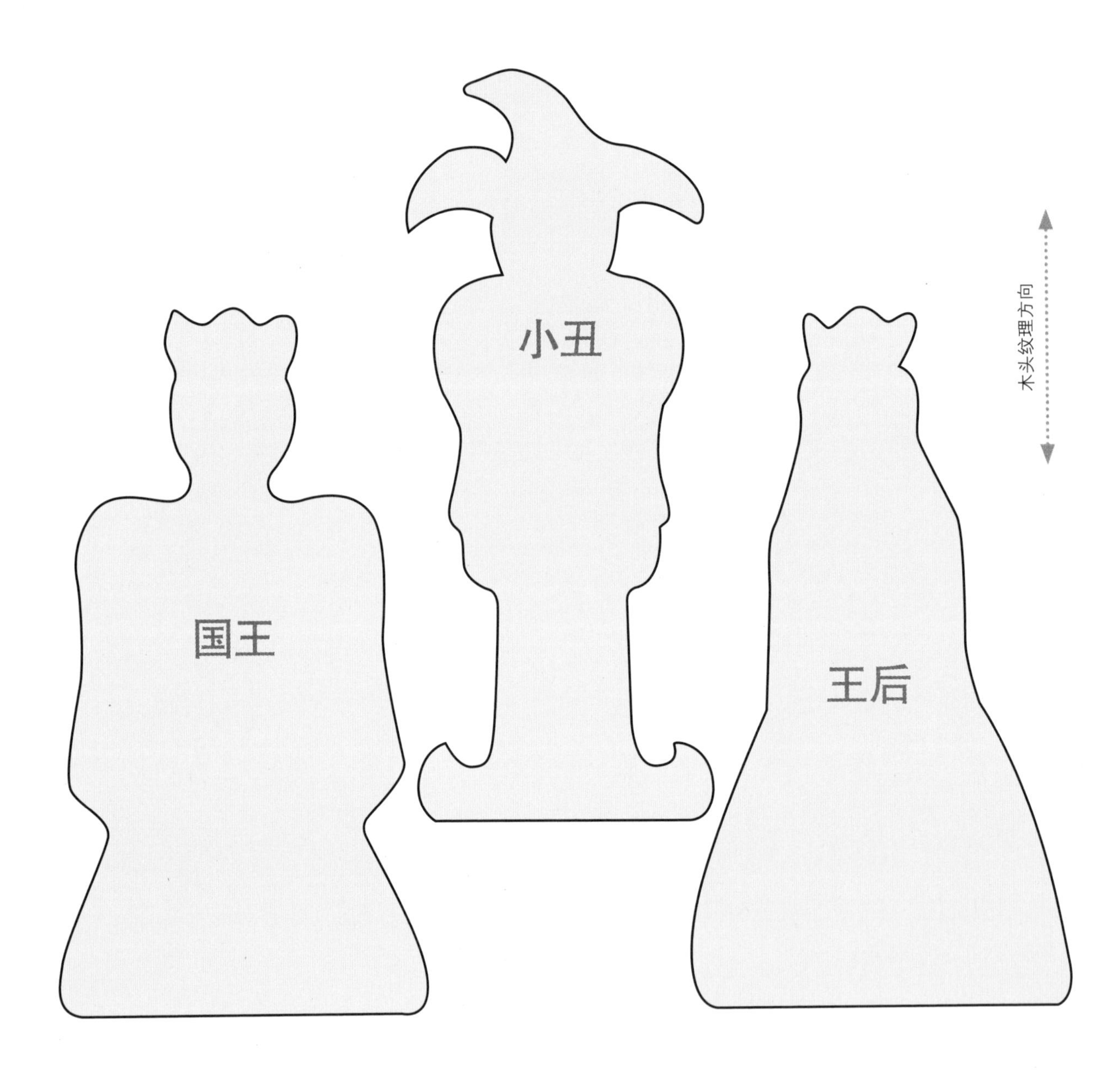
小丑
国王
王后
木头纹理方向

用透明硬纱或丝带为公主增加点魅力：在公主帽子的顶部钻一个小孔，里面滴一点木工胶水，将透明硬纱或丝带的一端插到孔里，木工胶水干了就做好了。

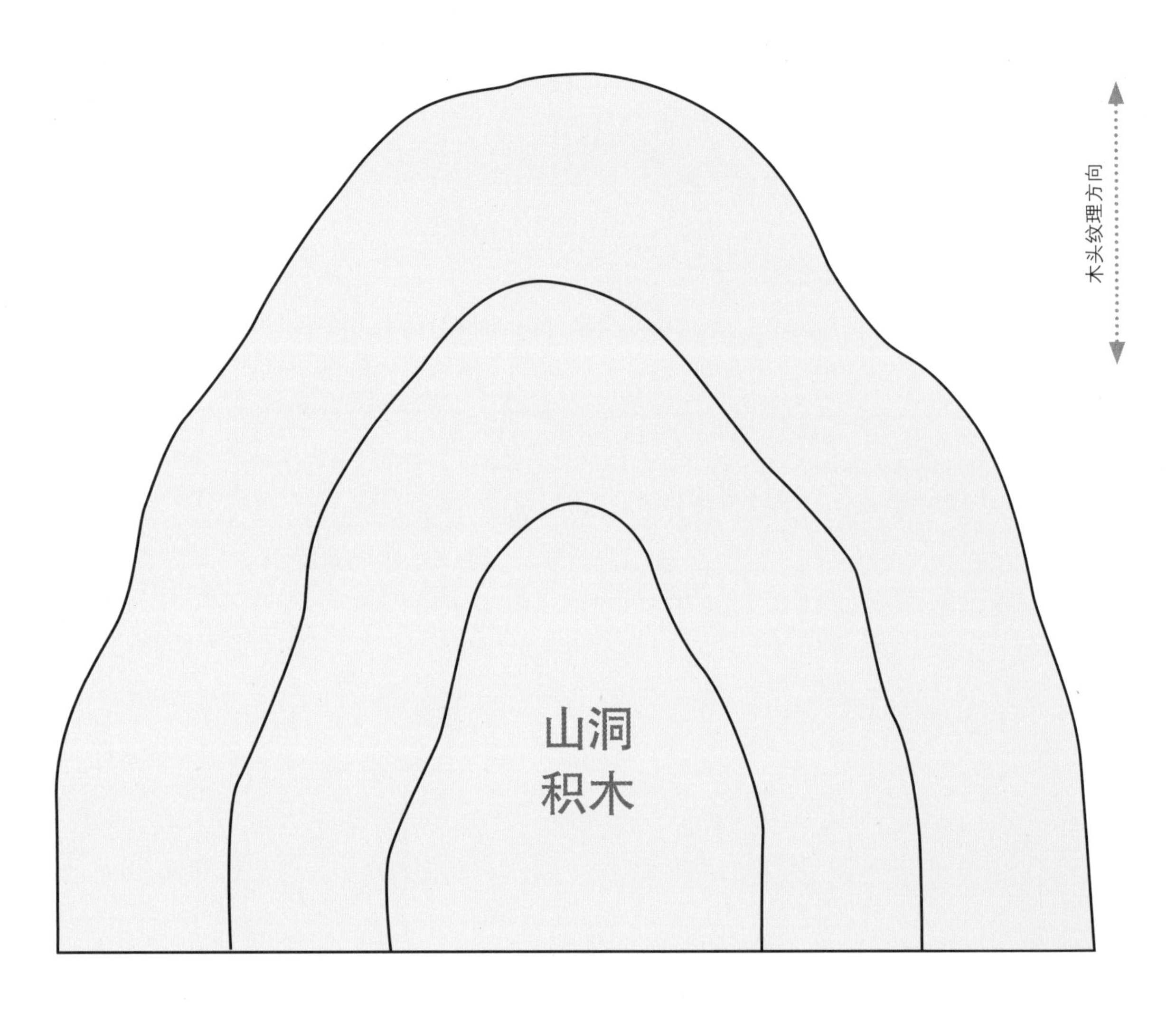
木头纹理方向
山洞
积木

独角兽
木头纹理方向
小龙

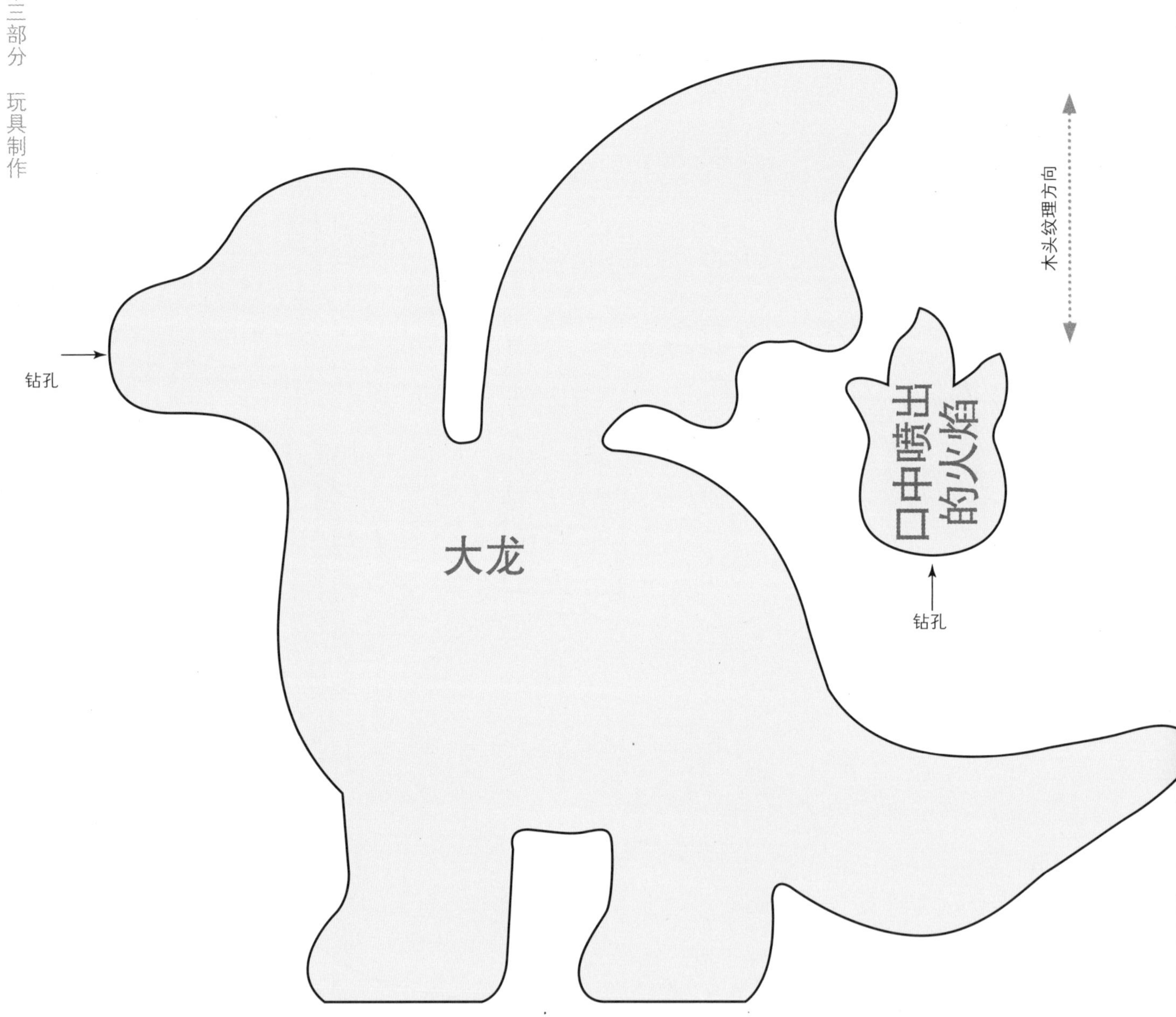
钻孔
大龙
口中喷出的火焰
钻孔
木头纹理方向

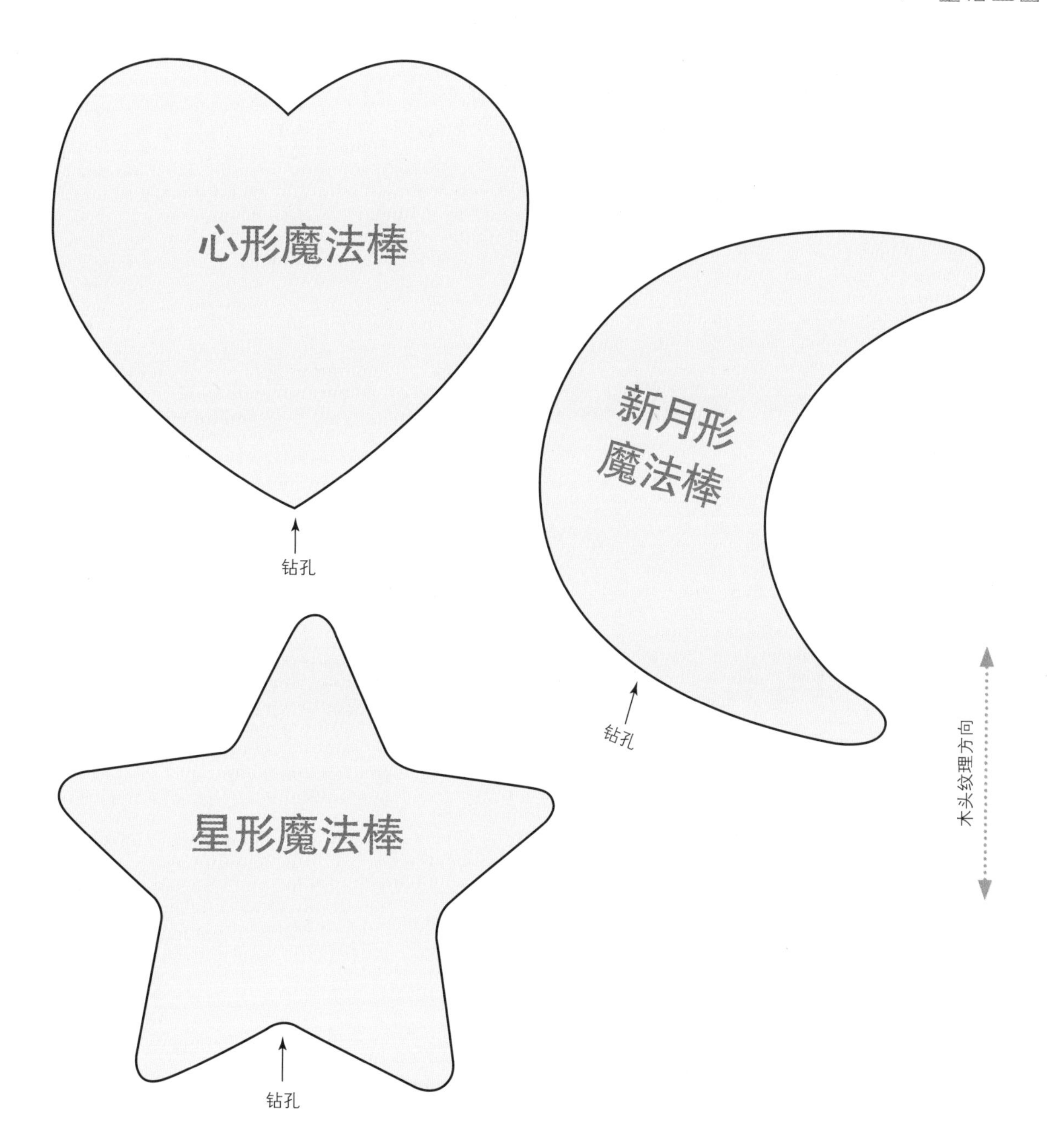
心形魔法棒
钻孔
新月形
魔法棒
钻孔
星形魔法棒
钻孔
木头纹理方向

森林风光

森林是一个迷人的地方，兔子们在那里玩捉迷藏，松鼠和家人在蘑菇伞下嬉闹。这一部分里都是欢呼雀跃或四处漫步的小动物。制作一只毛茸茸的小松鼠和带着尖刺的小刺猬吧——给孩子的玩具箱添些新玩具。孩子们一定会喜欢积木山、红狐狸、小兔子、淘气的小松鼠、刺猬、熊妈妈和熊宝宝、魔法树屋、四季树以及森林创意积木的。

漫步大自然

漫步大自然是一项美妙的家庭活动。孩子们可以发现大自然的美丽，也能看到森林里的动物在自己的栖息地怎样生活和玩耍。鼓励孩子们收集一些石头、松果、橡子等，可以把这些美丽的风景片段融入他们的森林游戏中。让孩子们帮您找到一根完美的“树干”，用来制作四季树（第92页）吧。为了让孩子们充分接触大自然，可将搜集的这些小物件融入孩子们的游戏中。

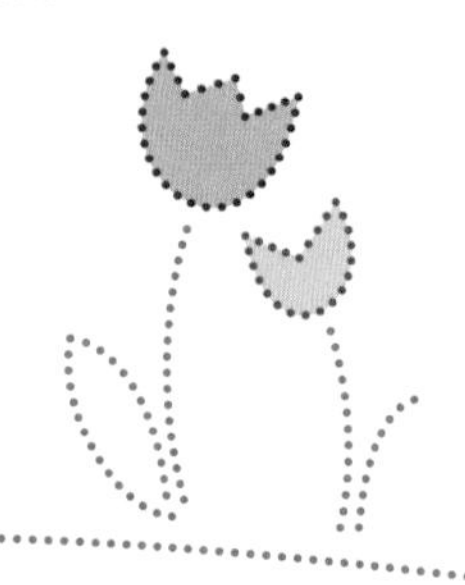

积木山

绿色的草坡是兔子嬉闹和玩耍的地方，也是刺猬藏匿的好去处。制作一个积木山吧，让小动物可以在这里玩耍。这个玩具很棒，孩子们也可以帮您制作，因为玩具形状切割容易，上色也不难，线条流畅，不需要非常精确的细节，作为尝试制作的第一个玩具再合适不过了。我建议使用三种不同色调的绿色来给这套积木上色——这样拱形的积木色彩各异，充满生机。

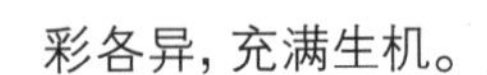

工具和材料

木块，13厘米 ×10厘米×2厘米
无毒涂料或染料适量，绿色和黄色
钢丝锯或手弓锯
手控打磨机或150号砂纸和打磨块
画笔
参照第96页图样。

涂色技巧

不同色调的绿色可以给人造成青草地的感觉，很有魅力。最小的那块积木涂的绿色最深，木块由小到大，绿色越来越浅。要得到这些色彩明亮、颜色深浅不一的绿色积木，可以把中心部分涂成纯绿色，然后在绿色涂料中加入一点黄色涂料来涂。随着木块的增大，黄色涂料添加得越多，绿色就越浅，这样就可以得到想要的颜色。

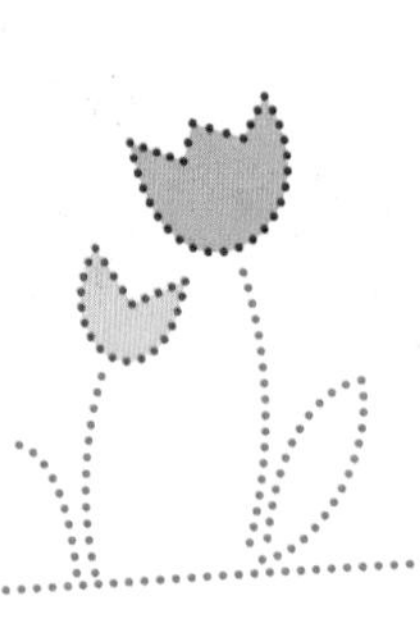

红狐狸

这些狡猾的红狐狸喜欢在森林中奔跑，跃过原木，追逐着蝴蝶。如果想更富有创意，那就给它们做个家吧——把积木山（第82页）的图样作为基础，但是要把窝做得低一点、圆一点。如果森林里需要一只大灰狼，那就把制作红狐狸的图样放大一点，然后把这只大灰狼的胸前皮毛刷成银色或白色，身体刷成灰色或黑色。

工具和材料

木块，10厘米×15厘米×2厘米
无毒涂料或染料适量，红色、白色和黑色
钢丝锯或手弓锯
手控打磨机或150号砂纸和打磨块
画笔
木刻烙铁（可选）
参照第96页图样。

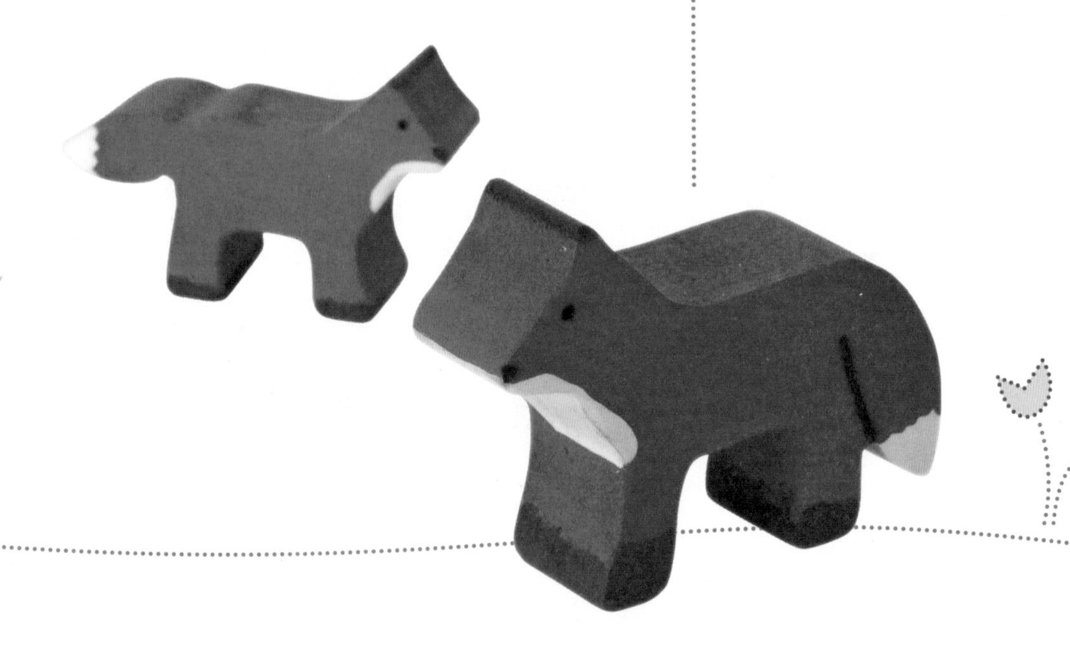

熊妈妈和熊宝宝

熊妈妈和熊宝宝慢悠悠地穿过森林，去寻找蜂巢、甜浆果还有鲜美的鱼。如果能给它们造一个家，它们也会很开心的哟！可以制作一个蜂巢，也可以把第147页小丑鱼的图样改造成长满斑点的彩虹鳟鱼，露一手吧。

工具和材料

木块，12.5厘米×15厘米×2厘米
无毒涂料适量，棕色
钢丝锯或手弓锯
手控打磨机或150号砂纸和打磨块
画笔
木刻烙铁（可选）
参照第97页图样。

小兔子一家

快活的小兔子们跳来跳去，一会儿闻闻花香，一会儿细细地啃胡萝卜。要想给兔子一家增添点情调，那就做几丛青草、一根胡萝卜或其他美味的蔬菜。如果想做一只复活节的兔子，那就把兔子刷上亮粉色或亮蓝色。要想更好玩，就切割出几个木质鸡蛋，再帮着孩子们把这些鸡蛋刷上各种不同颜色的天然染料（参照第38页），复活节的彩蛋就有了。

工具和材料

木块，15厘米×12.5厘米×2厘米
无毒涂料适量，棕色和白色
钢丝锯或手弓锯
手控打磨机或150号砂纸和打磨块
画笔
木刻烙铁（可选）
参照第96页图样。

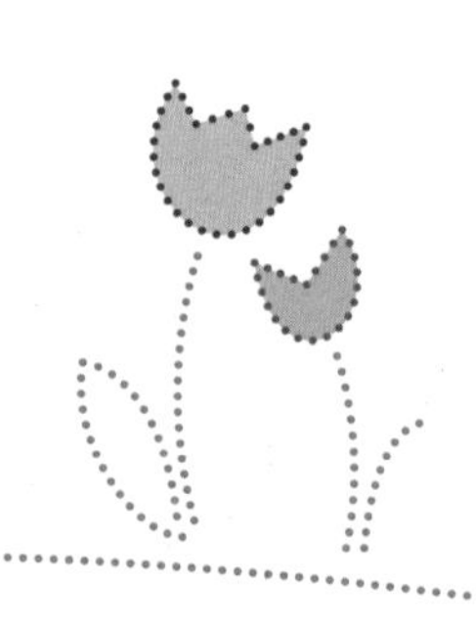

淘气的小松鼠

这对欢快的小松鼠一天到晚喋喋不休，它们喜欢待在橡树上，在树干间跳来跳去寻找橡子。我喜欢把松鼠弯曲的尾巴染上棕色，身体染成浅棕色——在棕色里面掺点黄色，这样尾巴和身体有所区别，就好像松鼠穿上了外套似的。如果您住所附近没有橡树，可以用木块来制作橡子，但是别忘了，松鼠还喜欢其他的坚果和植物种子。这对松鼠还喜欢大快朵颐地吃玉米棒、核桃甚至鸟食，别忘记做出这些“美食”形状的木块；也可以帮孩子们拿些真的玉米棒、核桃等，供孩子们玩耍。

工具和材料

木块，10厘米×15厘米×2厘米
无毒涂料适量，棕色和黄色
钢丝锯或手弓锯
手控打磨机或150号砂纸和打磨块
画笔
木刻烙铁（可选）
参照第96页图样。

刺猬和蘑菇伞

这对长刺的小家伙看上去并非十分有魅力，但是你会发现，刺猬是森林里最友好的小动物。在温暖的阳光照耀下，小刺猬们喜欢在蘑菇伞下打盹。刺猬是我喜欢制作的玩具之一，相信您的孩子也喜欢这些可爱的小动物。蘑菇伞要用色彩明亮的涂料来涂刷。

工具和材料

木块，15厘米×15厘米×2厘米
无毒涂料适量，棕色、黄褐色、红色、绿色和白色
钢丝锯或手弓锯
手控打磨机或150号砂纸和打磨块
画笔
木刻烙铁（可选）
参照第97页图样。

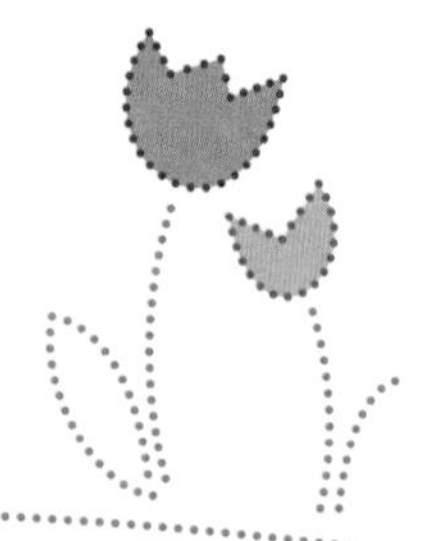

魔法树屋

哪个孩子不梦想在森林深处的魔法树屋里待一下午呢?这个玩具树屋装饰完美:一根供攀爬的绳梯,一个荡悠的秋千,还有一张桌子,您可以邀请森林里所有的小动物来参加林地茶会。要想更好玩,可以用一些碎布料做毯子或桌布,将橡子壳顶部做成小碗或篮子。参看第20页选择和准备树枝材料。

工具和材料

木块，46厘米×15厘米×2厘米
树枝或木钉，直径2.5厘米，2根
树枝横截片，直径2.5厘米，3~4片（制作绳梯台阶用）
树枝或半截木钉，直径4厘米，长7.5厘米，2根（制作长凳和秋千用）
树枝横截片，直径6.5厘米（制作桌面用）
树枝横截片，直径2.5厘米，2.5厘米长（制作桌架用）
木栓或木钉，3厘米长，用以悬挂秋千
螺钉，4厘米长，4颗
麻绳或其他可承重的细绳，61厘米长
钢丝锯或手弓锯
手控打磨机或150号砂纸和打磨块
电钻
安装螺钉的孔略细于螺钉，用于穿线的孔略比线粗，用于安装秋千的木栓或木钉的孔与木栓或木钉粗细相同
木工胶水
参照第98、99页图样。

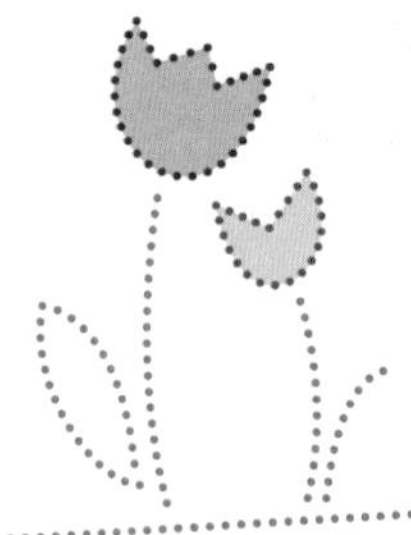

额外步骤

在树屋底座上钻孔，将树屋支柱和底座连在一起。螺钉钻透底座木块，尖头露在底座上面。将支柱中心对准露出的螺钉尖头，略微按压支柱顶部，使支柱底端和树屋底座严丝合缝。用同样的方法连接树屋顶。将制作桌子的两片木片用木工胶水粘在树屋顶露出的螺钉头上，把凳子粘在另外一个露出的螺钉头上。

制作秋千

在秋千座板两边分别钻一个孔，大小正好可以穿过吊秋千的绳子。量好树屋的顶端和秋千底部的距离，以确定秋千悬挂高度。截两节长度大于秋千悬挂高度的麻绳，分别在挂秋千的木钉上打个结，以固定挂秋千的绳子，然后穿过秋千座板，在下面分别打个大结。钻一个直径与木钉直径相同的孔，将秋千挂在树屋的一侧，用木工胶水把木钉固定住，这样就可以把秋千挂起来了。修剪掉多余的麻绳。

绳梯

将制作绳梯台阶的木片分别从中间钻孔。量好树屋的顶端和绳梯底部的距离，以确定绳梯悬挂高度。截一节麻绳，比绳梯悬挂高度长若干厘米。在绳子的底端打一个大结，这样可以防止木片从麻绳上滑落。用麻绳穿过做绳梯台阶的圆形木片中间，再选好第二片木片的位置，然后在第二片木片下面打一个大结。重复此做法，一直到把绳梯台阶都安装好。

在树屋的顶部钻一个孔，把绳梯的绳子从孔里穿过去。仔细检查绳梯的长度，然后在屋顶上面打个结，这样绳梯就悬挂在树屋的顶部了。剪掉绳梯顶部和底部多余的麻绳。

四季树

树木之于森林犹如摩天大楼之于大都市一样不可或缺。所以，有关森林主题的成套玩具不能没有一两棵参天大树。让孩子了解四季更迭中树木的变化：不同季节的树冠会有不同的颜色，替换不同季节的树冠来让孩子知道四季的变换。造一片森林吧：切割出不同长度的树干，放大或缩小树冠，做出大小不一的树。还可以不要树干，只用树冠来做灌木丛。还可以在灌木丛上画上红色圆点，当作红色浆果，供熊妈妈和熊宝宝（参考第85页）吃。请参看第20页一步一步地选择和准备树枝。

工具和材料

木块，23厘米×15厘米×2厘米
树枝或木棒，长10~15厘米，直径2.5厘米
木钉，长4厘米，直径1.6厘米
螺钉，长4厘米
木工胶水
无毒涂料或染料适量，多种颜色
钢丝锯或手弓锯
手控打磨机或150号砂纸和打磨块
电钻，直径1.6厘米的钻头
画笔
木刻烙铁（可选）
参照第100页图样。

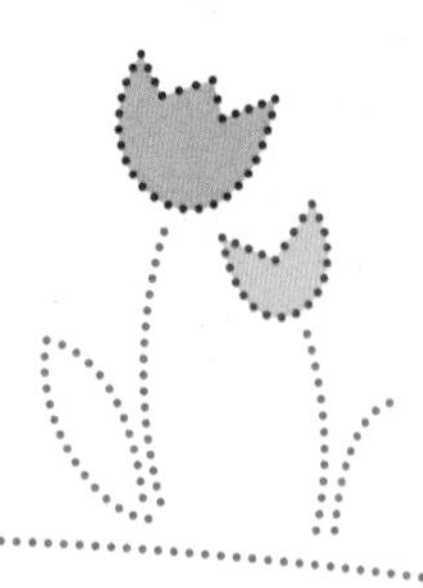

额外步骤

切割出树冠以后，用电钻在树冠边缘平坦的地方钻一个孔。

在底座底部事先钻一个凹槽，大小可以放置螺钉头，这样螺钉拧上后，螺钉头就在凹槽里，底座可以水平放置。把底座安装在树干末端，凹槽面朝下，螺钉头与底座齐平。

使用直径1.6厘米的钻头，在树干顶部钻一个小孔，深2~2.5厘米。向孔里挤一点点木工胶水，然后轻轻拍打树干，再把一个直径1.6厘米的木钉放入孔中。

涂色技巧

春天来到了，树木生机勃勃，树叶翠绿。将春天的树冠涂成翠绿色。

到了夏天，树叶更加成熟，更加绿了，成了深绿色。您还可以用各种颜色来画一些小苹果或梨。

秋天的树冠可以涂成金色、深紫红色或橘红色，这些颜色都是很不错的选择。最好先用浅色打底，将所需颜色的涂料用水稀释即为浅色，然后把树涂成各种颜色的。

到了冬天，树叶凋落，只留下光秃秃的树干，看着让人难过。如果想让树冠有积雪的感觉，那就用白色和淡蓝色来画树冠吧。然后，把树干染成棕色或用木刻烙铁把树干烙成棕色。

森林创意积木

这个玩具与经典的环形套叠积木非常相似，但是可以转动。最大的一块是太阳形状的（底座除外），接下来依次是花朵形状、瓢虫形状和云朵形状。鼓励孩子们从最大的一块排列到最小的一块，再从最小的一块排列到最大的一块，或者按他们能想到的其他任何顺序组合。对了，这些作品对森林风景增色不少！

工具和材料

木块，46厘米×15厘米×2厘米
无毒涂料或染料适量，多种颜色
木棒，长13厘米，直径1.6厘米
钢丝锯或手弓锯
手控打磨机或150号砂纸和打磨块
电钻，直径1.6厘米和1.9厘米的钻头
画笔
木工胶水
参照第101~103页图样。

额外步骤

要切割内圈，首先在准备切割掉的地方钻一个入口孔，然后松开锯条的顶部，将锯条穿过入口孔，再次固定锯条，最后切出内圈。每个有内圈的部件都重复这样的切割步骤。

在底座上钻一个直径为1.6厘米的孔，但不要钻透木块。孔里滴几滴木工胶水，将木棒放入孔中，等木工胶水彻底干燥后就完成了。

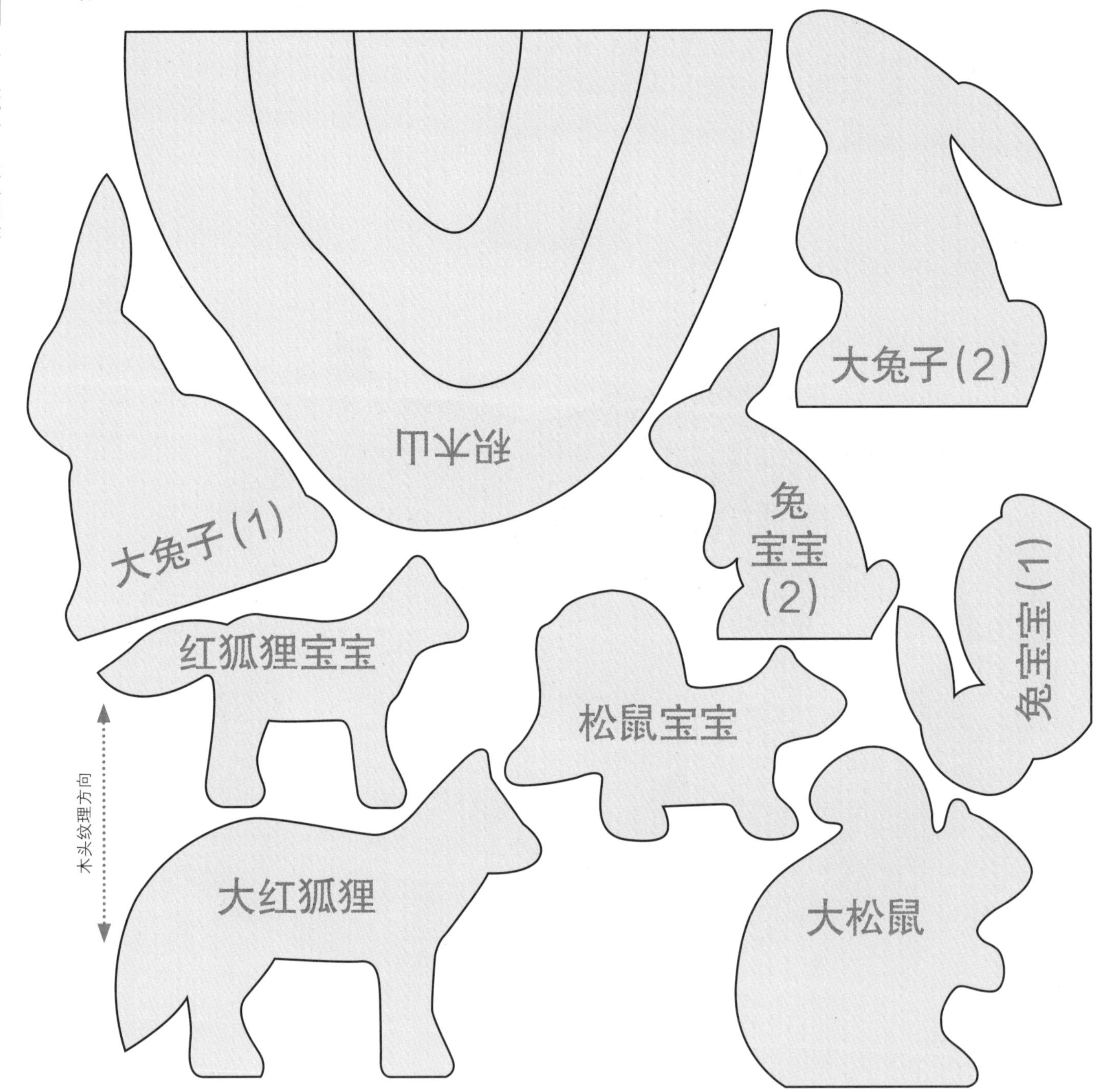
积木山
大兔子(2)
大兔子(1)
兔宝宝(2)
兔宝宝(1)
红狐狸宝宝
松鼠宝宝
木头纹理方向
大红狐狸
大松鼠

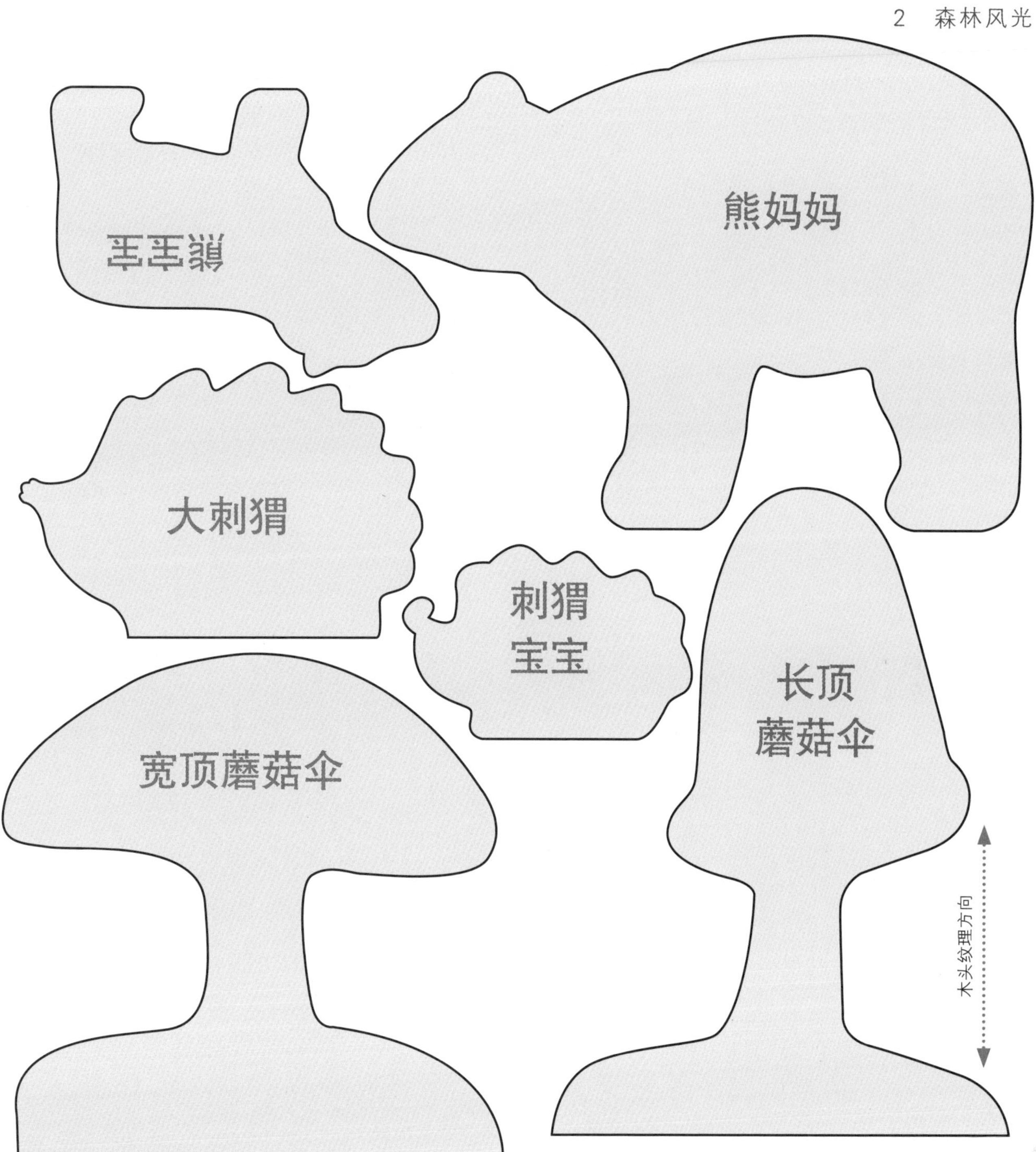
熊宝宝
熊妈妈
大刺猬
刺猬
宝宝
宽顶蘑菇伞
长顶
蘑菇伞
木头纹理方向

木头纹理方向

放大图样

将图样放大到125%，获得实际尺寸。

魔法树屋底座

木头纹理方向
魔法树屋屋顶

木头纹理方向

四季树底座

钻孔

四季树树冠

钻孔

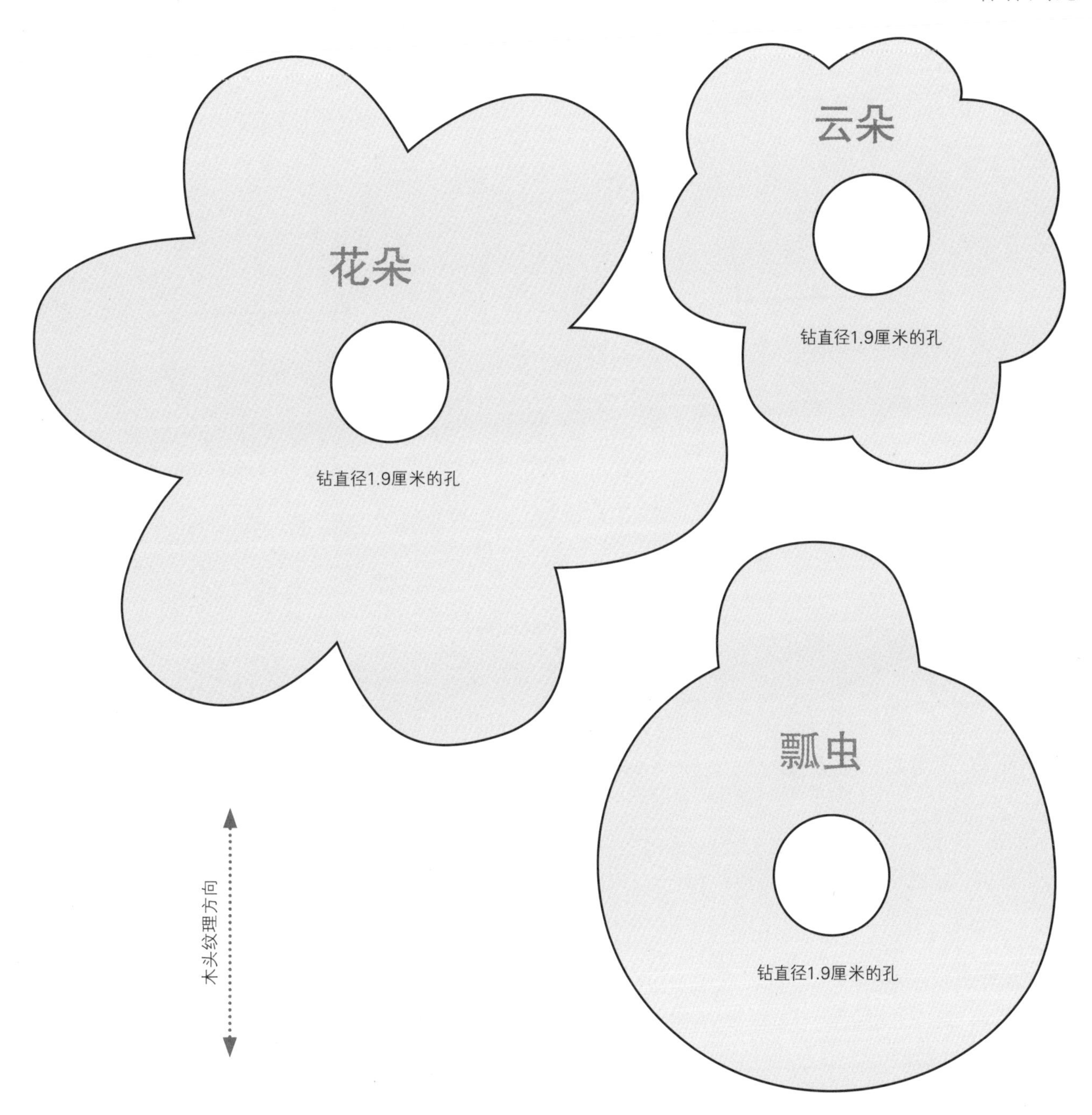
云朵
钻直径1.9厘米的孔
花朵
钻直径1.9厘米的孔
瓢虫
钻直径1.9厘米的孔
木头纹理方向

太阳
钻直径1.9厘米的孔
木头纹理方向

木头纹理方向
底座
钻直径1.6厘米的孔

3

小小农场

农场是孩子们喜爱的地方，不管是在这里骑小马、追小猪，还是在田野奔跑，或是在干草垛里玩捉迷藏，孩子们都会快乐无比。在这里，您可以听到牛哞哞地叫、马嘶嘶地鸣、鸡咯咯地觅食、猪呼噜噜地睡着，这一切都是农家乐的声音。在孩子们的帮助下，将这些玩具制作出来，让人仿佛身临其境。农场主题的木制玩具很快就能切割出来，上色时也充满乐趣。玩具的尺寸适合外带，外出旅行或就餐时，这些玩具都可以放到孩子的衣服小口袋里、钱包里和尿布袋里，好玩极了。我们未必总是有机会带孩子们去农场旅行，但是，通过这些玩具可以把农场带到孩子们身边。

粮仓

农场得有粮仓供动物们居住和孩子们探险。粮仓并不难制作，做起来也很有趣，能很快建好！不需要钉子或螺钉，只需要一点麻绳打几个活结，这样就把粮仓建好了！

工具和材料

木块，46厘米×20厘米×2厘米
细麻绳或线，61厘米长
无毒涂料或染料适量，红色、棕色和黑色
钢丝锯或手弓锯
手控打磨机或150号砂纸和打磨块
电钻，直径0.6厘米的钻头
画笔
参照第118、119页图样。

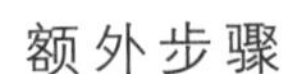

额外步骤

建粮仓的木块切割出来以后，在图样指示的地方钻孔。给木块刷完涂料之后，取出麻绳，将麻绳穿过粮仓主体上的孔，右边连接筒仓，左边连接棚屋。用麻绳连接好侧面的木块，拉紧麻绳的两端，打2~3个活结以确保制作粮仓的木块固定在一起。

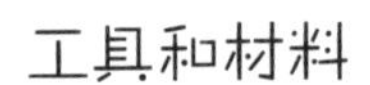

干草垛积木

农场里总要有一个地方供小动物们玩耍和孩子们捉迷藏吧？那么干草垛积木就是个完美的选择。小牛和马驹可以藏在积木中，积木也可以拆开用作隧道，供农用卡车通过。

工具和材料

木块，14厘米×18厘米×2厘米
无毒涂料或染料适量，黄色和棕色
钢丝锯或手弓锯
手控打磨机或150号砂纸和打磨块
画笔
参照第120页图样。

涂色技巧

黄色和棕色涂料的混合物，用于涂刷干草垛积木的不同部分。最小的那块积木颜色最深，是棕褐色的；积木块越大颜色越淡，最大的那块颜色为较淡的金黄色。

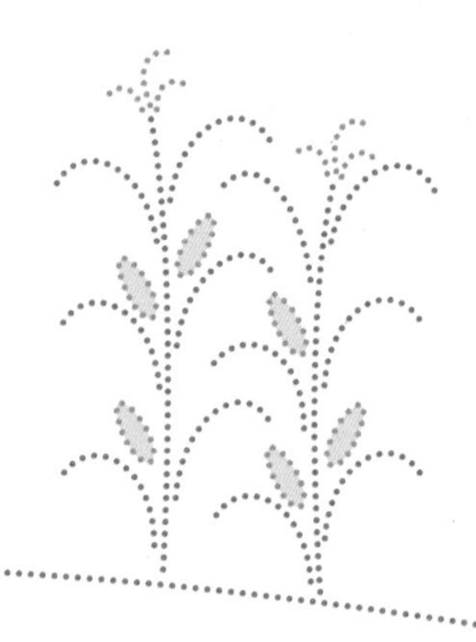

母鸡和公鸡

喔喔喔！这对活蹦乱跳的鸡会在农场周围拍打着翅膀四处翻飞，喔喔鸣叫。也许母鸡还会下一两个蛋呢！露一手吧，用积木搭个鸡窝，让小鸡们有个窝吧。

工具和材料

木块，7.5厘米×15厘米×2厘米
无毒涂料适量，黄色、棕色和红色
钢丝锯或手弓锯
手控打磨机或150号砂纸和打磨块
画笔
木刻烙铁（可选）
参照第120页图样。

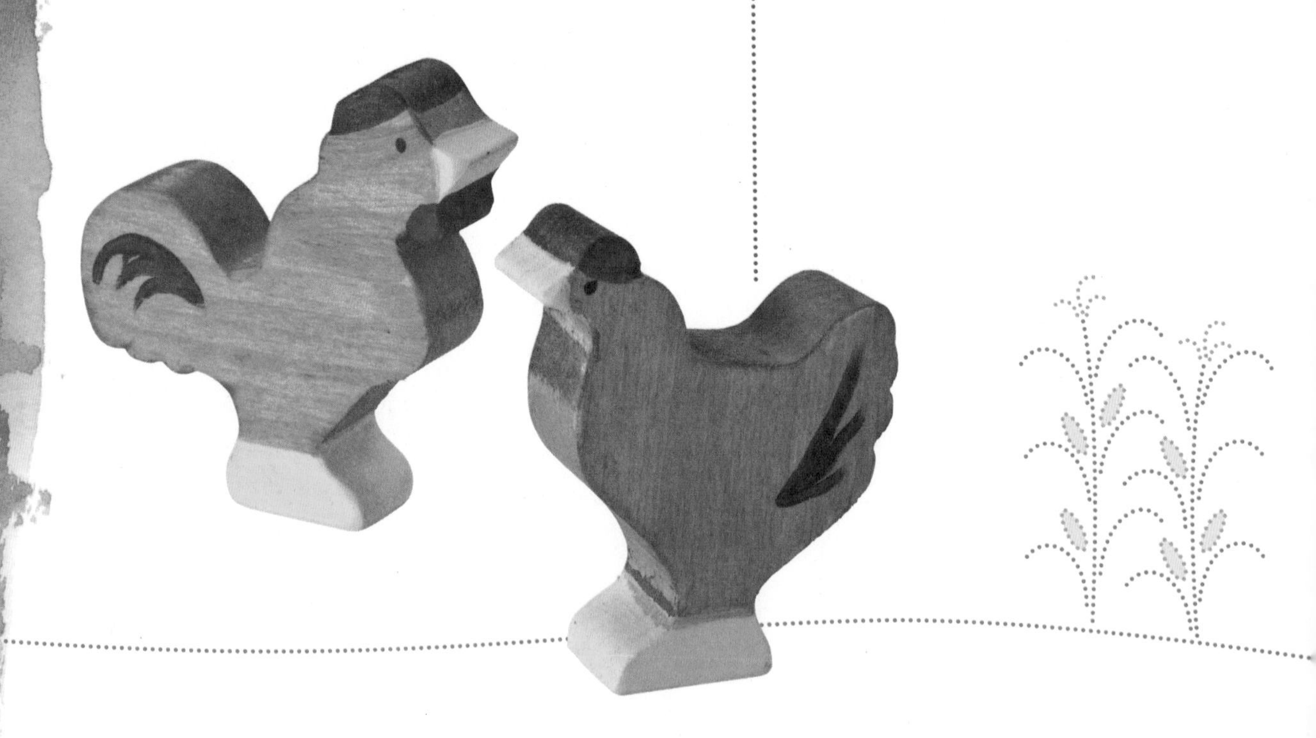

奶牛

哞——到目前为止，农场里最著名的动物非奶牛莫属，奶牛哞哞的叫声增加了农场的乡土气息。如果您很有制作玩具的热情，那就给奶牛做个乳房；或者在牛头上做个牛角，奶牛瞬间变成了公牛。一定不要忘记给牛画上大大小小的斑点！

工具和材料

木块，11.5厘米×15厘米×2厘米
无毒涂料适量，白色和黑色
钢丝锯或手弓锯
手控打磨机或150号砂纸和打磨块
画笔
木刻烙铁（可选）
参照第121页图样。

马

给马配上鞍吧！无论您的小家伙是男是女，他们是想成为一名牛仔、一名职业骑手还是一名穿着闪亮盔甲的骑士，都会喜欢这些小马。多切割出几个马形玩具，然后将它们画成不同种类的马，甚至是您最喜欢的名马。

工具和材料

木块，11.5厘米×16.5厘米×2厘米
无毒涂料适量，多种颜色
钢丝锯或手弓锯
手控打磨机或150号砂纸和打磨块
画笔
木刻烙铁（可选）
参照第121页图样。

猪

猪喜欢到处寻找泔水和干草，也喜欢在泥浆里打滚，炫耀自己粉红的鼻子。给孩子制作一套小猪玩具吧，看看它们会有什么样的历险故事。

工具和材料

木块，7.5厘米×15厘米×2厘米
无毒涂料或染料适量，粉色
钢丝锯或手弓锯
手控打磨机或150号砂纸和打磨块
画笔
木刻烙铁（可选）
参照第123页图样。

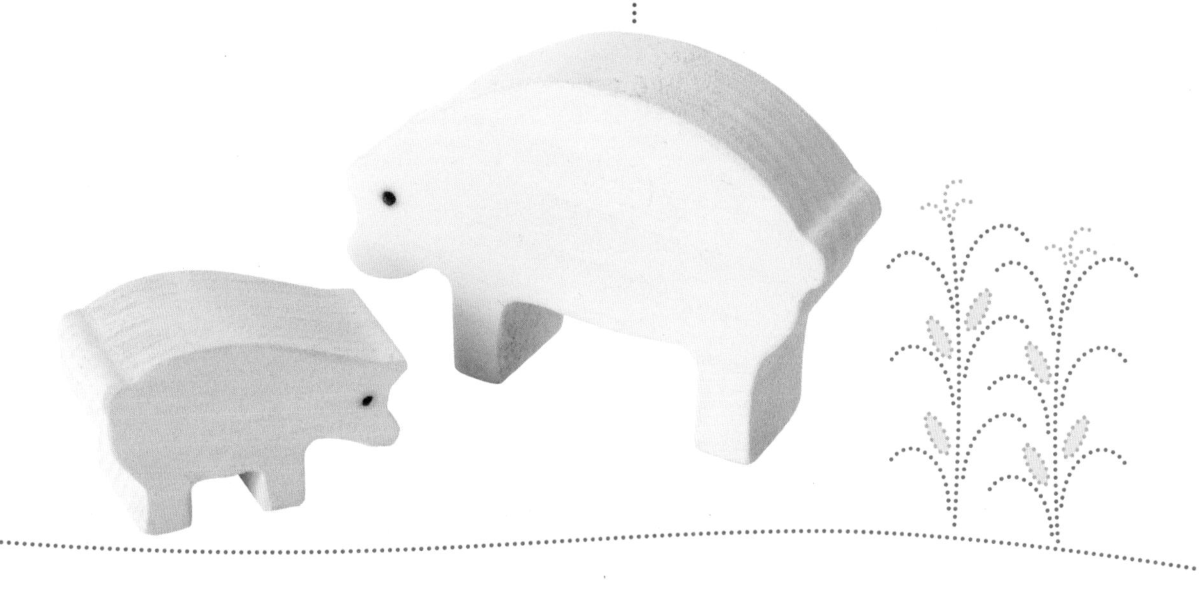

拖拉机和农用卡车

农场里有许多活要干，拖拉机和农用卡车是好帮手。犁地、拖运干草捆、把鸡蛋送到农贸市场上去卖——孩子们会很开心地坐着农用卡车或拖拉机玩具在农场院子里四处奔跑。呜——呜——

额外步骤

如第122页图样所示，在拖拉机和农用卡车车体上分别钻两个孔，孔里滴一点木工胶水，然后将用作轮轴的小木棒穿上车轮，插进孔中。等木工胶水干了，车就可以玩了。

工具和材料

木块，16.5厘米×7.5厘米×2厘米

每种交通工具所需木轮各4个，直径为4厘米，厚1.5厘米

每种交通工具所需木轮轴各4个，长3.2厘米，榫头直径0.55厘米（末端您可能需要修剪一下）

无毒涂料或染料适量，多种颜色

钢丝锯或手弓锯

手控打磨机或150号砂纸和打磨块

电钻，直径0.55厘米的钻头

画笔

木工胶水

参照第122页图样。

干草捆、玉米秸秆捆和干草垛

为了帮助您完善农场游戏，做几个干草捆、玉米秸秆捆和干草垛吧。把干草捆扔在卡车上，让鸡藏在玉米秸秆捆中——玩法无穷无尽。这些玩具也会丰富您的自然展示台（参见第7页）。

工具和材料

木块，7.5厘米×15厘米×2厘米
无毒涂料或染料适量，多种颜色
钢丝锯或手弓锯
手控打磨机或150号砂纸和打磨块
画笔
木刻烙铁（可选）
参照第123页图样。

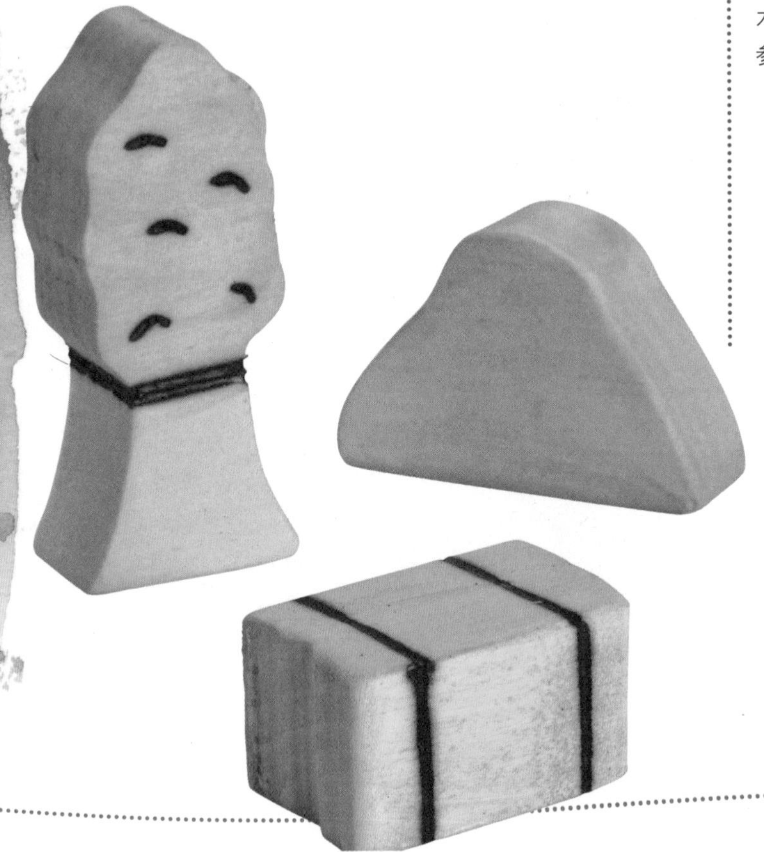

魔法棒（2）

这些魔法棒会让您的孩子在粮仓前的空地上开心地玩耍。他们可以在各处放飞他们的蝴蝶和瓢虫，这里飞飞那里飞飞！

额外步骤

切割出魔法棒顶部之后，在其底部钻一个小孔，上完色后，在小孔里滴上点木工胶水。插入木棒和缎带（如果需要），等木工胶水干了就可以玩了。

工具和材料

木块，10厘米×15厘米×2厘米
木棒，长20.5~25.5厘米，直径1厘米
无毒涂料或染料适量，多种颜色
钢丝锯或手弓锯
手控打磨机或150号砂纸和打磨块
电钻，直径1厘米的钻头
画笔
木工胶水
缎带（可选）
参照第123页图样。

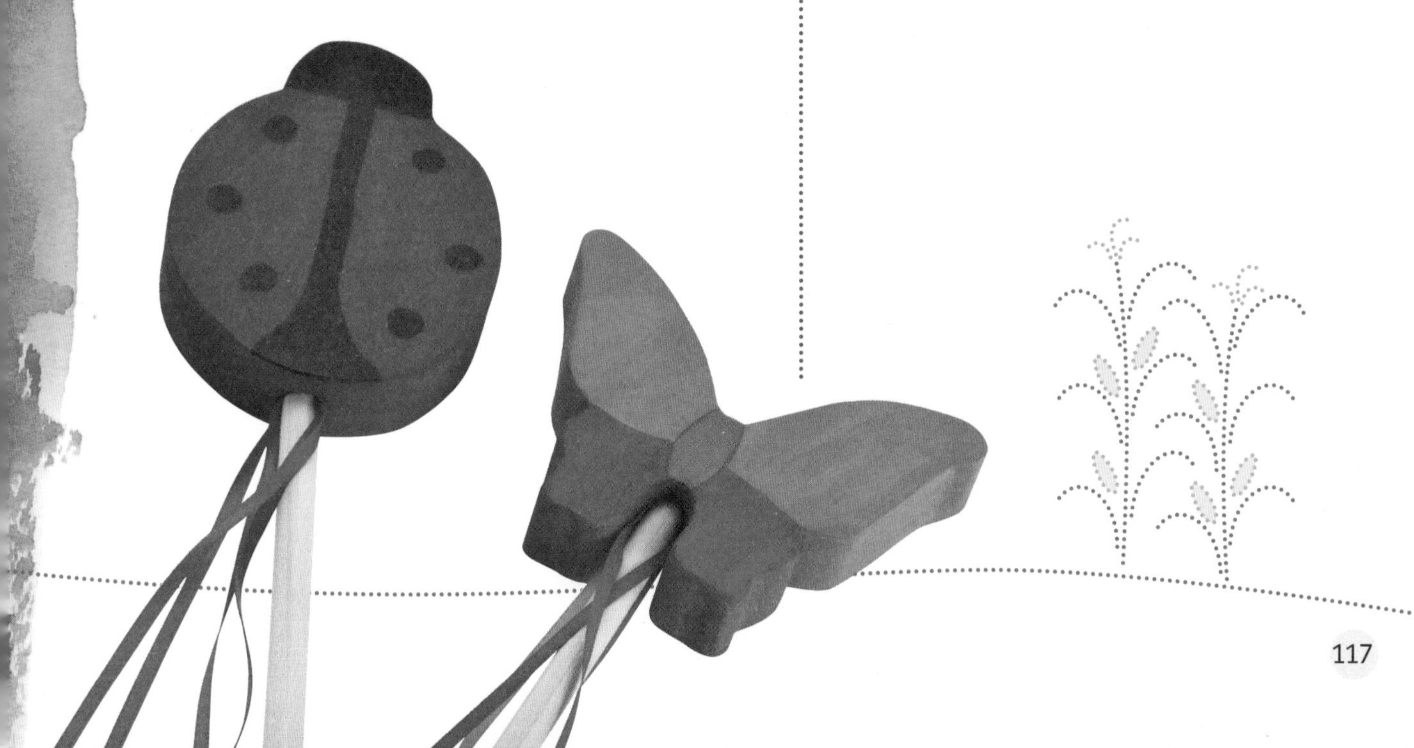

放大图样

将图样放大到125%，获得实际尺寸。

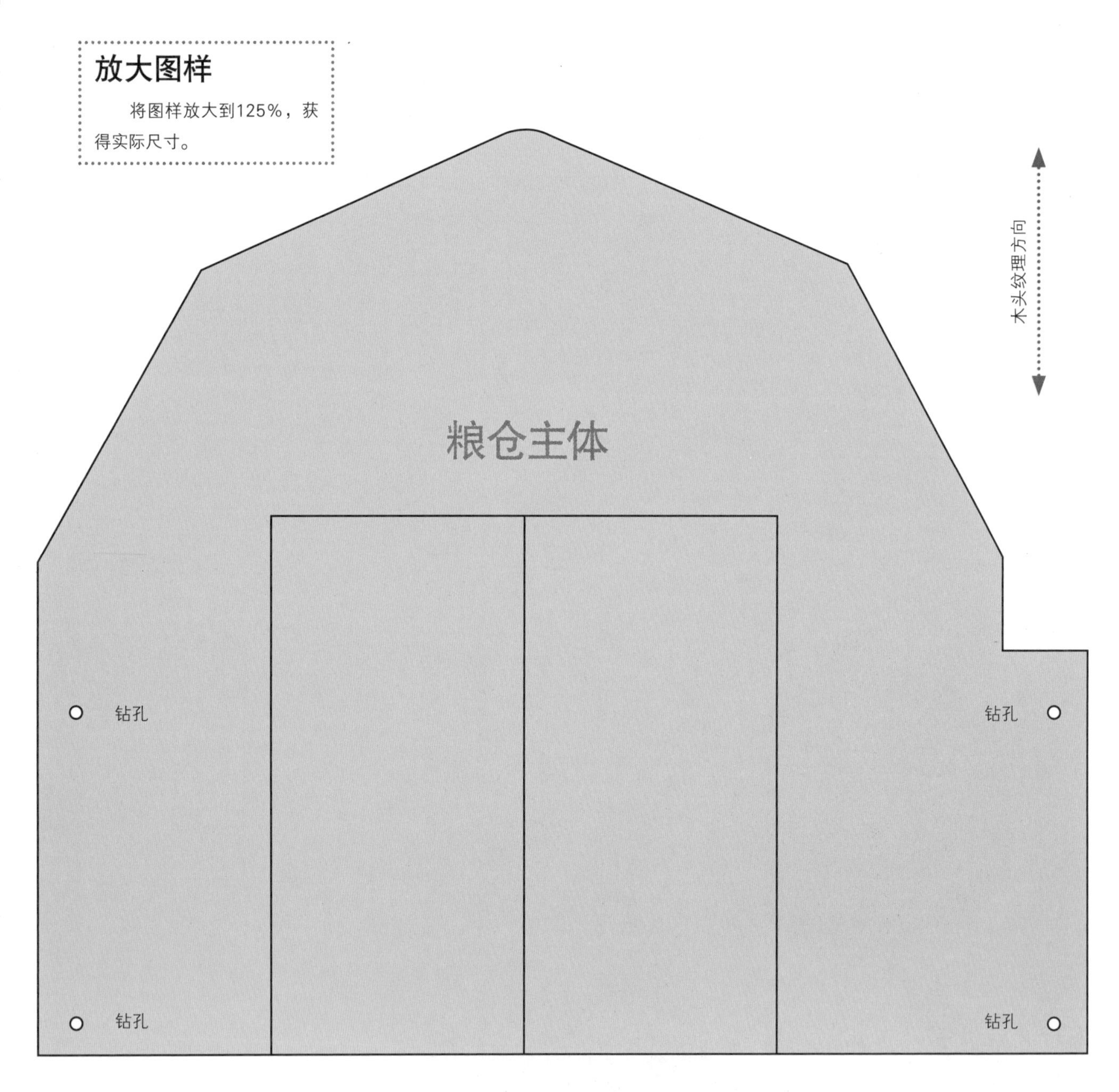

木头纹理方向

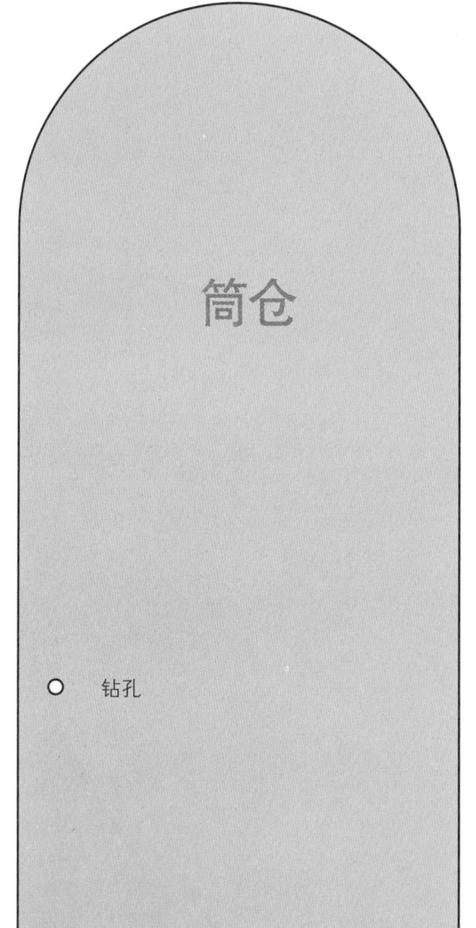

放大图样

将图样放大到125%，获得实际尺寸。

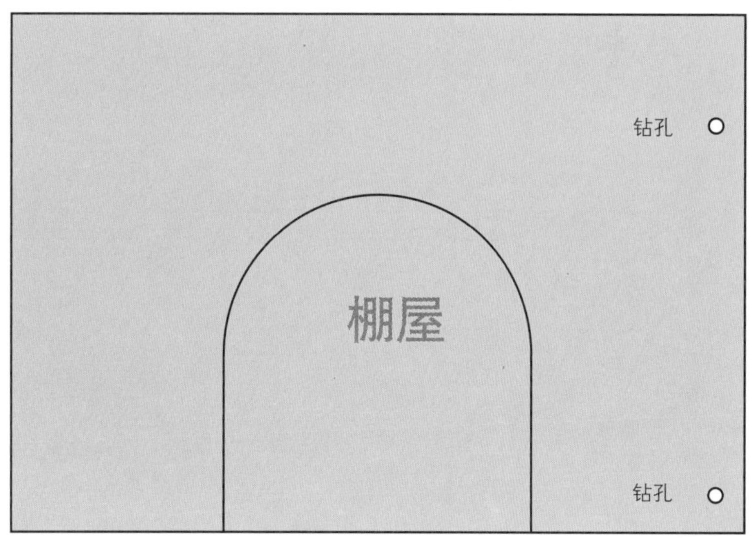

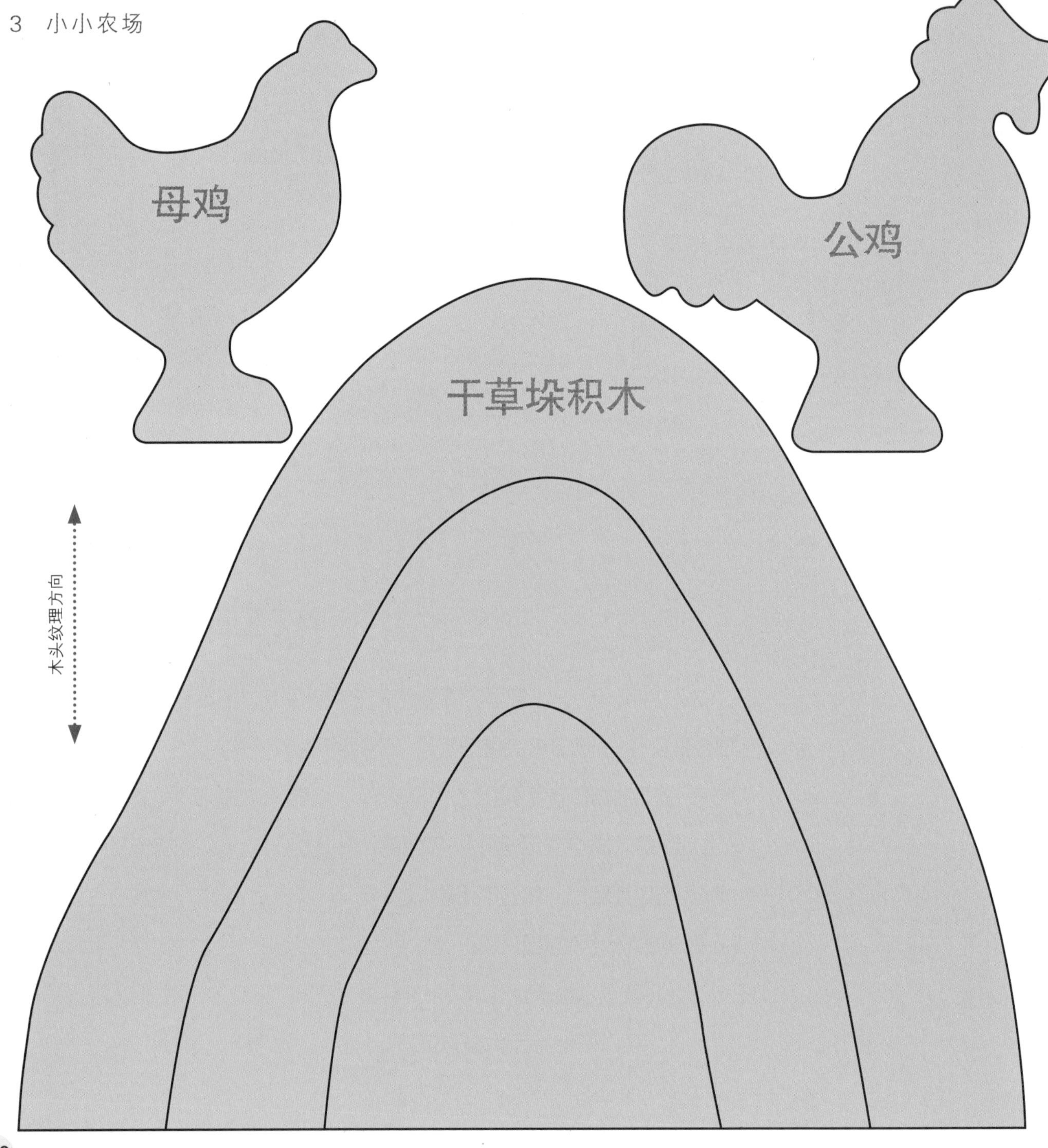
母鸡
公鸡
干草垛积木
木头纹理方向

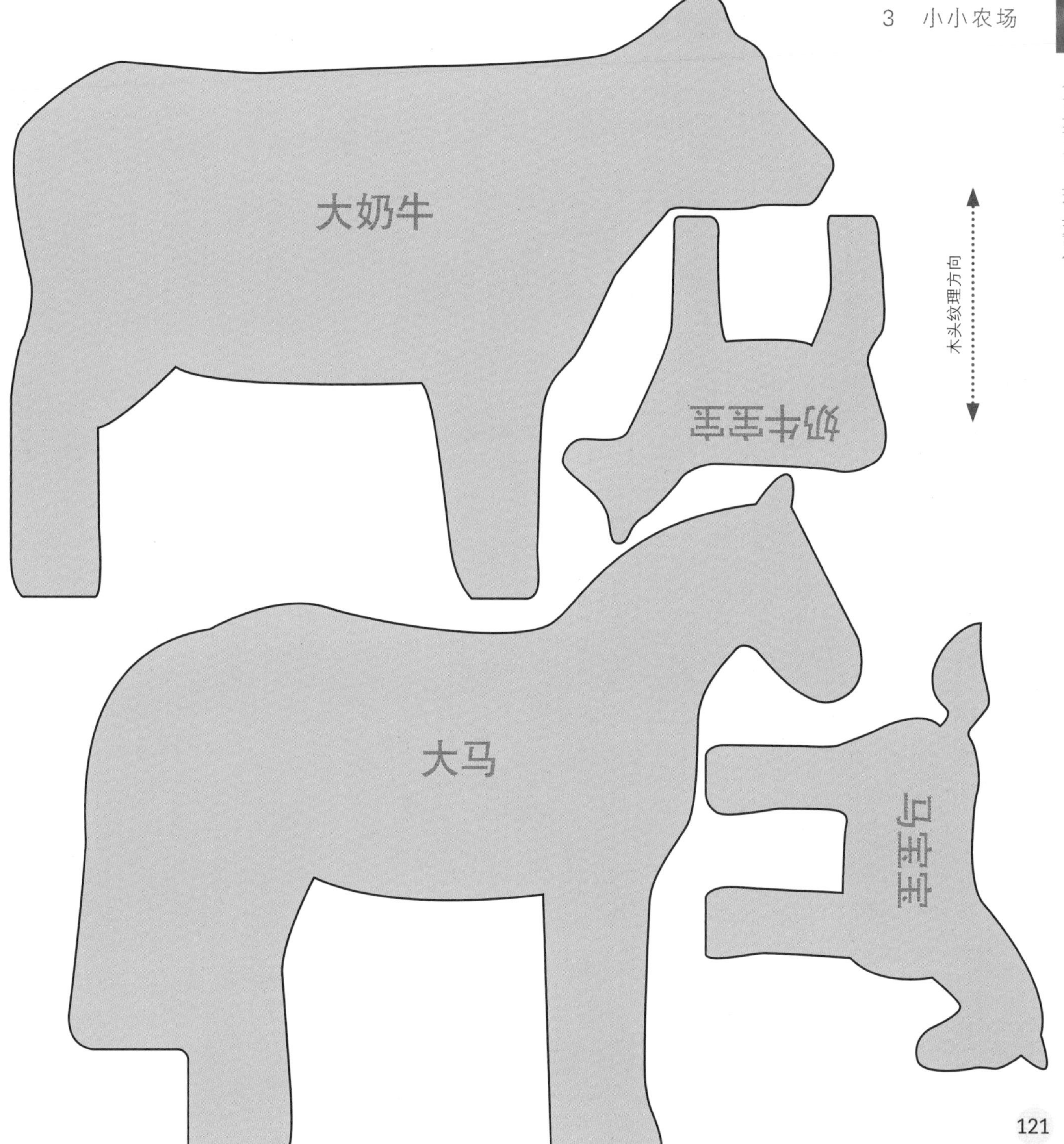
大奶牛
奶牛宝宝
木头纹理方向
大马
马宝宝

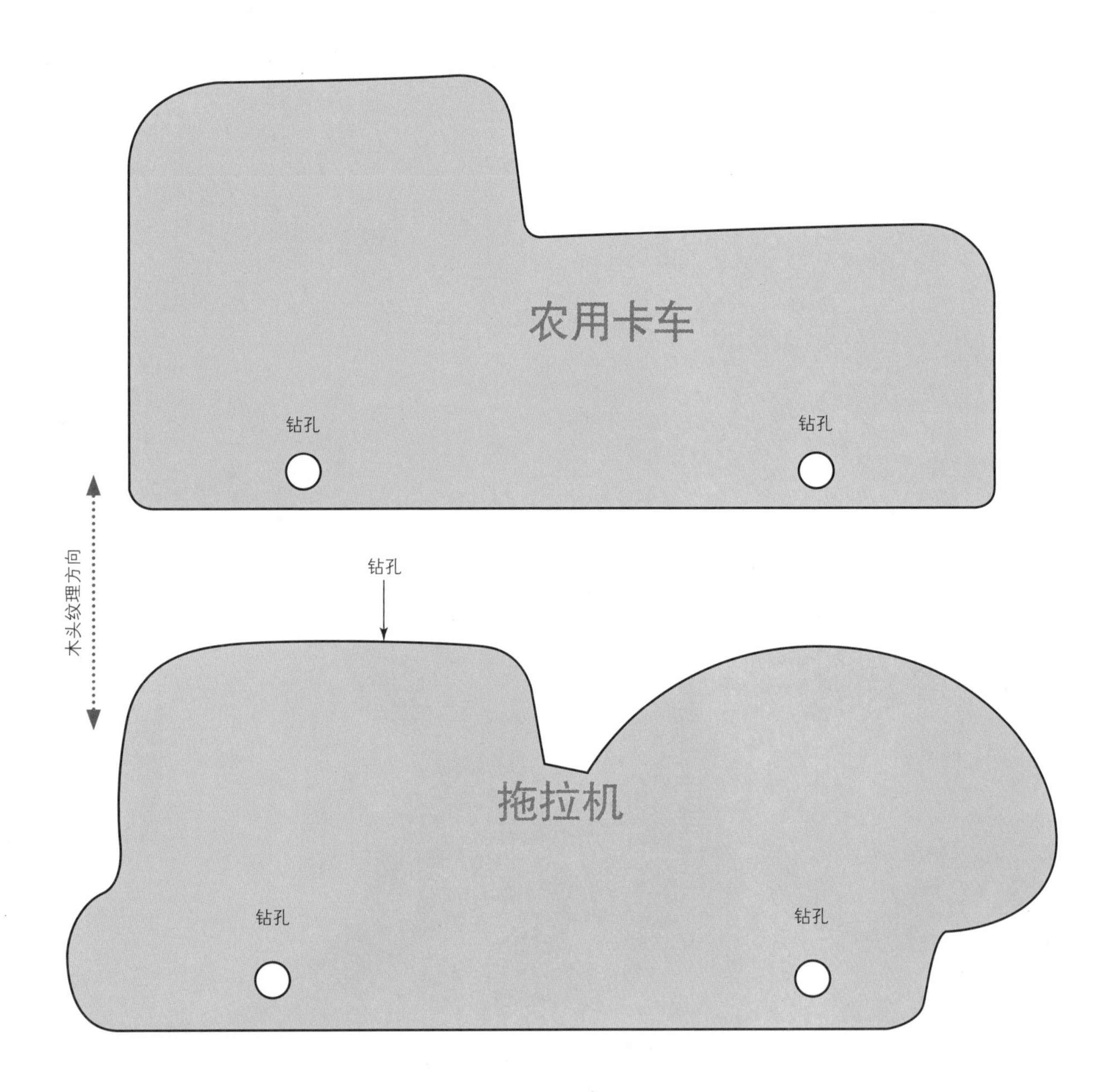
农用卡车
钻孔
钻孔
木头纹理方向
钻孔
拖拉机
钻孔
钻孔

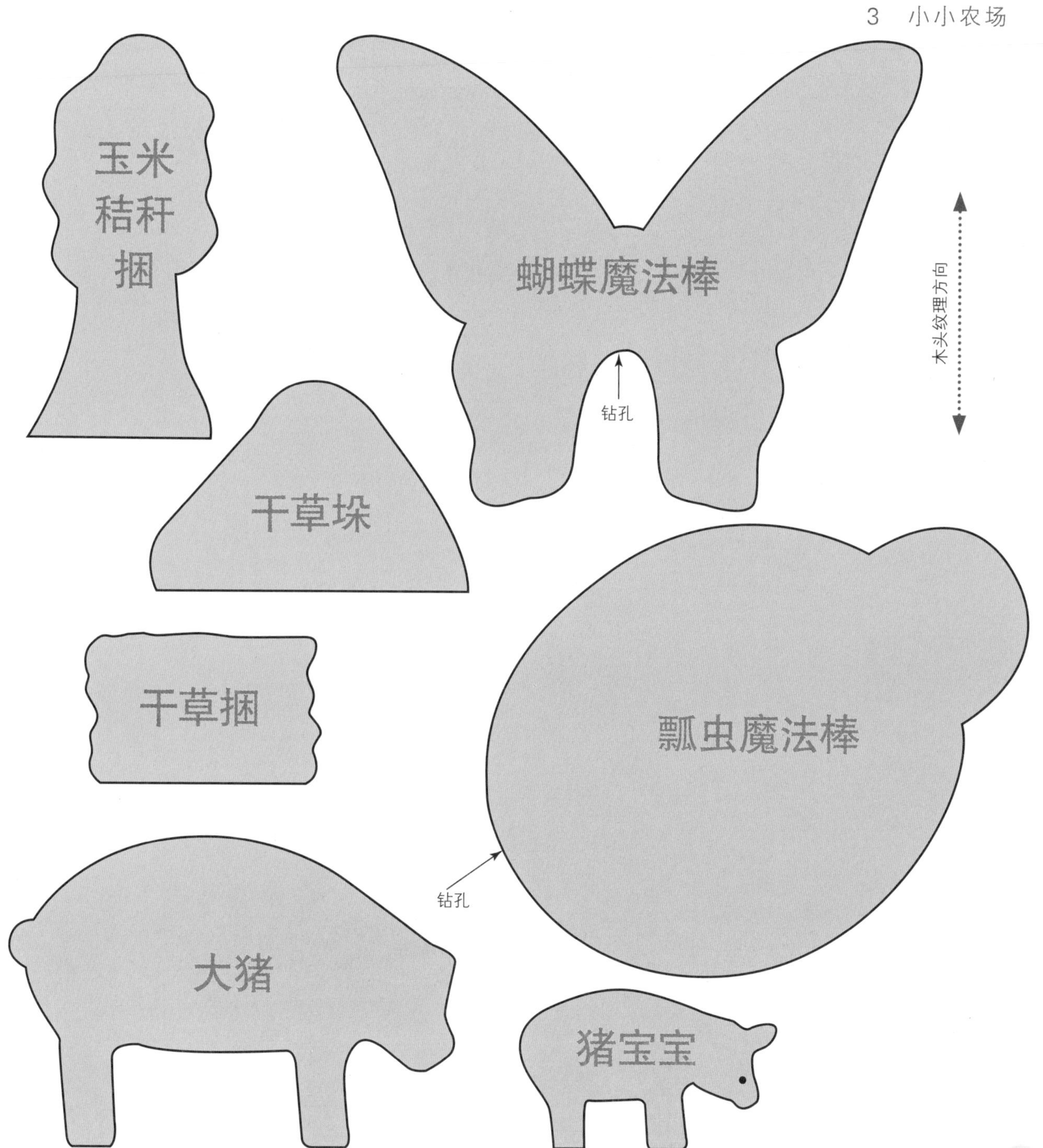
玉米秸秆捆
蝴蝶魔法棒
钻孔
木头纹理方向
干草垛
干草捆
瓢虫魔法棒
钻孔
大猪
猪宝宝

海洋世界

海洋是一个神奇的地方，在那里，您可以发挥无限的想象力。波涛滚滚的海水里有让人惊奇的海洋小生物，如海马、海豚、鲸、海龟和色彩斑斓的鱼等，也许还会有一两条美人鱼呢。想象你们踏上了冒险之旅吧，在热带岛屿周围航行，那里可以看到喷发的火山。小家伙们到达岸边之后，开启探索海滩之旅：在沙丘间穿梭，和螃蟹玩耍，甚至可以享有一座华丽的沙堡。

漫步大自然

漫步在海边的沙滩上或者在海水里嬉戏，对于全家人来说都是一次令人兴奋的冒险。孩子们可以发现沙滩和海水的美丽，同时收集一些可以放在自然展示台上的物件和日常玩耍的小玩意儿。漫步大自然时，鼓励孩子们在沙滩上收集一些光滑的卵石、贝壳、浮木、干海藻和其他小玩意儿，这有助于丰富孩子们对海里生物的想象。将这些从沙滩上和海水里拾来的“宝物”融入游戏中，让孩子们充分接触大自然。

木制沙堡

花一整天的时间建造一座木制沙堡是享受海滩的绝妙方式，而且有了这座木制沙堡，即使在天气恶劣时或者您的住所离海滩较远，小朋友们也可以在海滩玩耍。

利用第72、73页童话城堡的图样可以制作出完美的木制沙堡，只需要在涂色上下点功夫。要把童话城堡变成完美的木制沙堡，要用一种可爱的沙色涂料来上色。我们用黄色做基色，再加上一点棕色，将这两种颜色的涂料混合到一起。要多调些涂料，确保涂料量足够完成木制沙堡上色。想添加一些海滩细节，可以尝试在门口画上贝壳，在木制沙堡底部周围画一些海藻。美化木制沙堡的另一种方法是把小贝壳或光滑的海玻璃碎片粘在木制沙堡上。

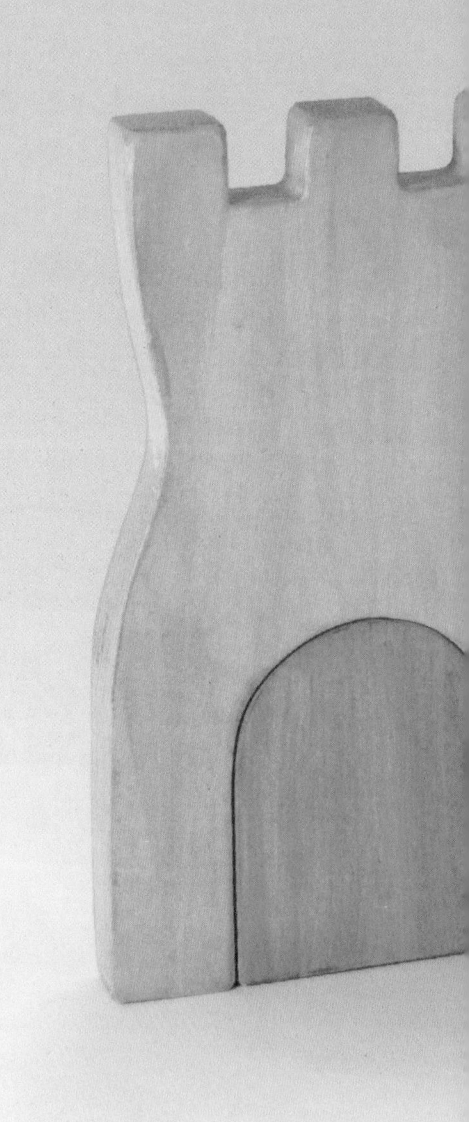

海龟

海龟在陆地上动作迟缓而笨拙，但是在水中却轻盈灵巧，能够优雅而迅速地在水中游动。您的小宝贝一定会爱上这对海龟的。

工具和材料

木块，7.5厘米×15厘米×2厘米
无毒涂料或染料适量，绿色
钢丝锯或手弓锯
手控打磨机或150号砂纸和打磨块
画笔
木刻烙铁（可选）
参照第146页图样。

美人鱼姐妹

孩子们会爱上这些海里的美人。这些神话中的女性一定会让孩子们在游戏中增强对海洋的想象。给美人鱼玩具画上眼睛等细节，会带来特别的惊喜。

工具和材料

木块，10厘米×15厘米×2厘米
无毒涂料或染料适量，多种颜色
钢丝锯或手弓锯
手控打磨机或150号砂纸和打磨块
画笔
木刻烙铁（可选）
参照第150页图样。

独木船

有适航的船，海洋才完美。这只小独木船可以在小溪、水潭或浴缸里航行，对小孩子来说真是一条完美的小船。如果您打算让船在水里航行，最好不要给船涂色，在起航前给船打四次蜂蜡。如果您的船长时间在水中航行，一定要不时地重新涂上一层蜂蜡，以确保其防水性良好。

工具和材料

木块，15厘米×10厘米×2厘米
木块，6.5厘米×4厘米×0.6厘米
毛毡，15厘米×15厘米
针和线
木棒，长15厘米，直径1厘米
木工胶水
钢丝锯或手弓锯
手控打磨机或150号砂纸和打磨块
电钻，直径1厘米的钻头
蜂蜡
参照第151页图样。

船帆的制作

我建议用毛毡或无纺布做船帆。用毛毡做船帆的好处是不需要处理毛边。即使是缝纫新手，也可以在几分钟内缝好船帆。将船帆裁剪好以后，只需把左边的边缘折起来，然后从上到下简单地缝一条线固定即可。一定要留有足够的空间来插桅杆。

额外步骤

将较小的木块粘在较大的主木块上。木工胶水晾干后，在小木块中间用直径1厘米的钻头钻一个孔，再往孔里滴几滴木工胶水，然后插入做桅杆的木棒。涂上2~3层蜂蜡，每层蜂蜡涂抹的时间间隔是1小时左右。

鱼

这些可爱的小鱼在海藻和珊瑚的世界里来回穿梭。孩子们喜欢把这些木制小鱼涂上彩虹般的颜色。试着用木刻烙铁烙出鱼身上的条纹，也可以给您的水栖朋友增加其他细节。多制作几条鱼，组一群鱼朋友！

工具和材料

木块，7.5厘米×15厘米×2厘米
无毒涂料或染料适量，多种颜色
钢丝锯或手弓锯
手控打磨机或150号砂纸和打磨块
画笔
木刻烙铁（可选）
参照第147页图样。

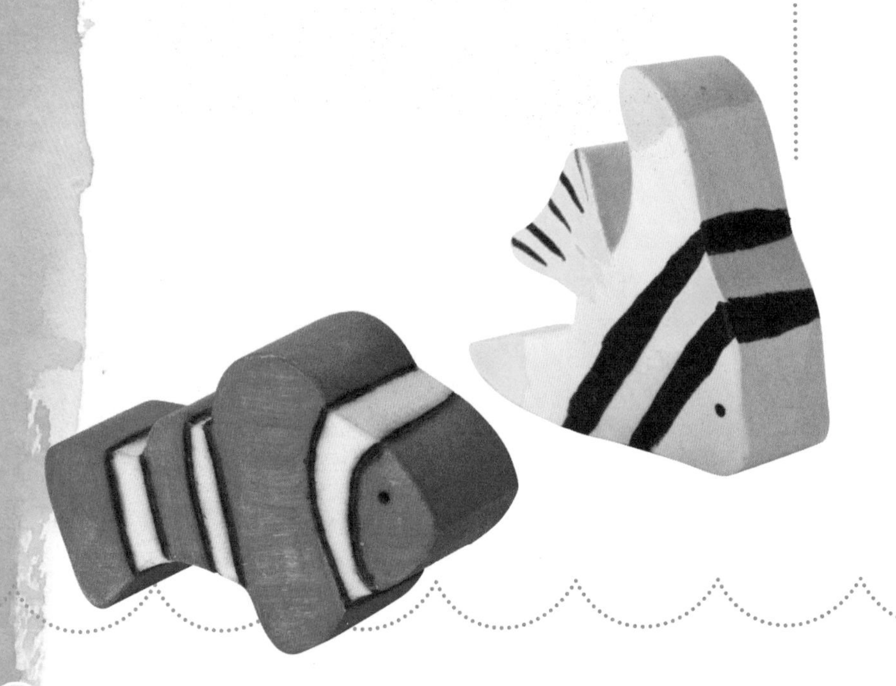

海马

阳光照耀着海底，光影斑驳，海马们穿梭在海藻丛中。难怪孩子们会对这些小生物着迷，许多小海马都躲在卷曲的海藻丛里。木制海马不需要刷上和真海马一样的颜色，我为这只可爱的小海洋生物刷上了鲜艳的粉色。为了让海马直立，我还设计了一个底座。我建议先做出海马，然后再做底座。

工具和材料

木块，7.5厘米×15厘米×2厘米
无毒涂料或染料适量，多种颜色
钢丝锯或手弓锯
手控打磨机或150号砂纸和打磨块
画笔
木刻烙铁（可选）
参照第151页图样。

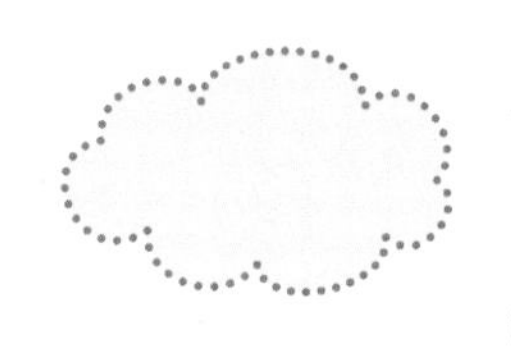

沙丘积木

沙丘是海滩的重要组成部分。沙丘不仅保护海滩免受海浪的冲击，而且是海滩上的小生物生存的地方。这些木制的沙丘永远不会被海水冲走，是孩子们藏匿贝壳、小木螃蟹和其他海滩生物的绝佳场所。

工具和材料

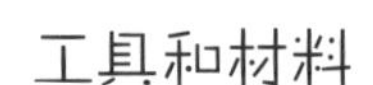

木块，23厘米×15厘米×2厘米
无毒涂料或染料适量，黄色和棕色
钢丝锯或手弓锯
手控打磨机或150号砂纸和打磨块
画笔
参照第149页图样。

上色技巧

给沙丘积木上色时可以将黄色和棕色涂料混合起来。最小块的沙丘积木刷上棕色，随着积木块尺寸的加大，颜色浓度依次递减，最大的那块积木颜色最淡。

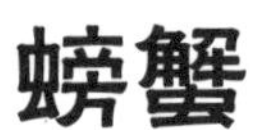

螃蟹

小家伙们得到这些小螃蟹玩具之后，很快就会像小螃蟹一样在屋子里“横冲直撞”。我建议用木刻烙铁来加工设计细节——暗色能反衬出螃蟹温暖明亮的颜色。

工具和材料

木块，7.5厘米×15厘米×2厘米
无毒涂料或染料适量，白色、红色和橘色
钢丝锯或手弓锯
手控打磨机或150号砂纸和打磨块
画笔
木刻烙铁（可选）
参照第147页图样。

海藻和微型海浪

试着做一些有趣的饰品来增加在海滩玩耍的乐趣!这些海藻和微型海浪会给海洋动物提供藏身之地和嬉戏之处。

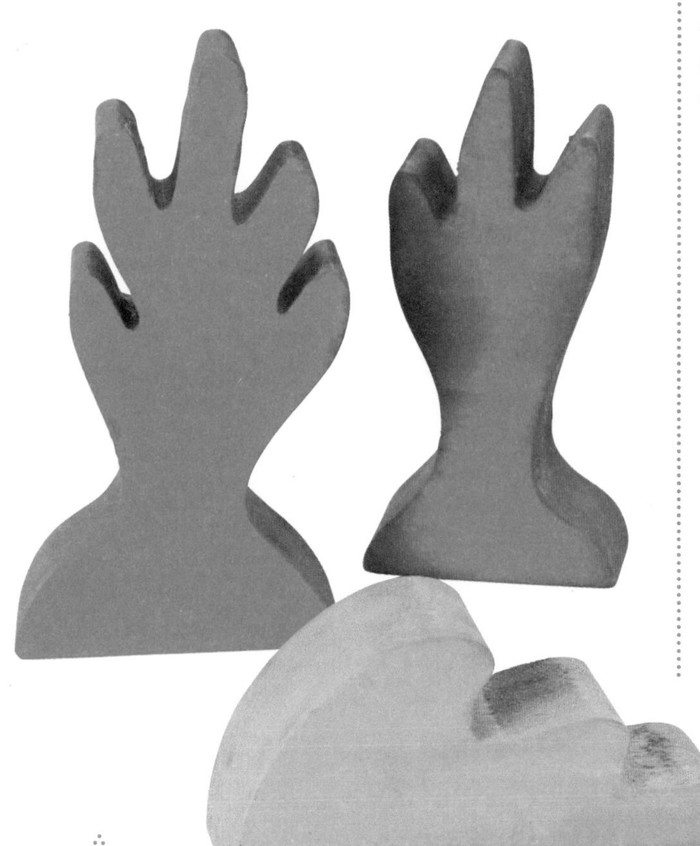

工具和材料

木块，9厘米×15厘米×2厘米
无毒涂料或染料适量，绿色和蓝色
钢丝锯或手弓锯
手控打磨机或150号砂纸和打磨块
画笔
参照第147页图样。

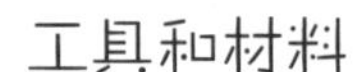

海浪积木

没有海浪就没有沙滩。一波海浪轻轻地拍打着沙滩，给蓄潮池里带来各种各样神奇的海洋生物；另一波海浪汹涌而至，带着冲浪板冲上海岸，拍碎了沙滩上的一切。海浪积木是三波合一，永远都是完美的海浪。

工具和材料

木块，15厘米×12.7厘米×2厘米
无毒涂料或染料适量，蓝色和白色
钢丝锯或手弓锯
手控打磨机或150号砂纸和打磨块
画笔
参照第151页图样。

涂色技巧

将蓝色和白色涂料混合到一起，可以给海浪积木刷上完美的颜色。建议把最小的海浪积木刷上最深的蓝色，然后把白色涂料一点点加到蓝色涂料里面，使蓝色逐渐变淡，这样海浪积木由小到大蓝色也越来越淡。

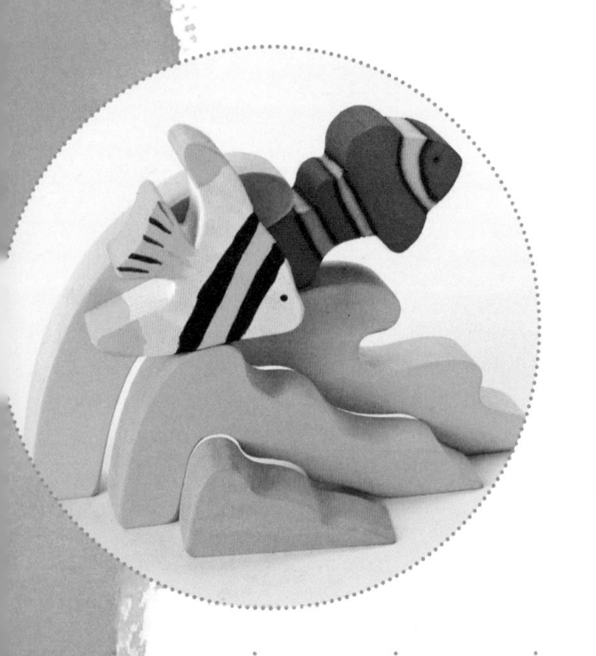

鲸

鲸，生性温和友好，喜欢喷水。鲸的喷水柱是可拆卸的。孩子们会玩得很开心，您甚至可以让孩子们知道：鲸以其他海洋生物为食，是地球上最大的动物！谁不会对此印象深刻呢？

工具和材料

木块，20.5厘米×15厘米×2厘米
木钉
无毒涂料或染料适量，多种颜色
钢丝锯或手弓锯
手控打磨机或150号砂纸和打磨块
画笔
电钻，钻头直径与木钉相同
木刻烙铁（可选）
参照第148页图样。

涂色技巧

为了取得真实的效果，最好先涂浅色，然后逐渐加深颜色，稀释后的涂料有助于调色。如果不确定涂色效果，可以先在碎木块上试一下颜色，很快您就会成为专业人士。

火山积木

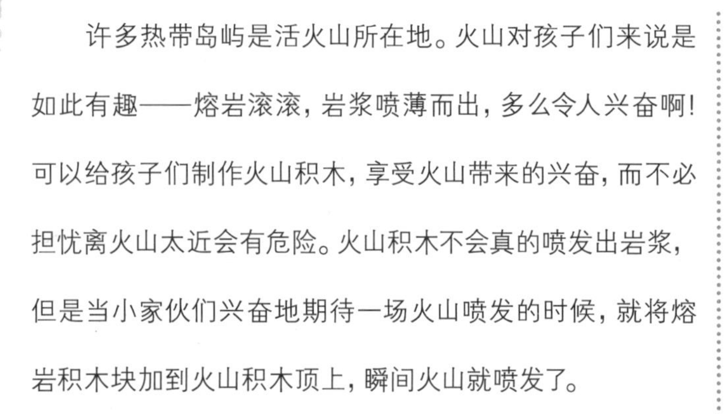

许多热带岛屿是活火山所在地。火山对孩子们来说是如此有趣——熔岩滚滚，岩浆喷薄而出，多么令人兴奋啊！可以给孩子们制作火山积木，享受火山带来的兴奋，而不必担忧离火山太近会有危险。火山积木不会真的喷发出岩浆，但是当小家伙们兴奋地期待一场火山喷发的时候，就将熔岩积木块加到火山积木顶上，瞬间火山就喷发了。

工具和材料

木块，15厘米×12.7厘米×2厘米

无毒涂料或染料适量，灰色、棕色、橘色和红色

钢丝锯或手弓锯

手控打磨机或150号砂纸和打磨块

画笔

参照第146页图样。

上色技巧

给火山山体涂色时，建议将灰色和棕色涂料混合起来。最小的那块积木以棕色为主，只需加一点点灰色涂料。添加的灰色涂料越多，棕色就越浅。随着积木块尺寸的加大，颜色越来越浅，最大的那块积木颜色最浅。红色和橘色涂料混合起来就形成了火山岩浆的最佳色彩。

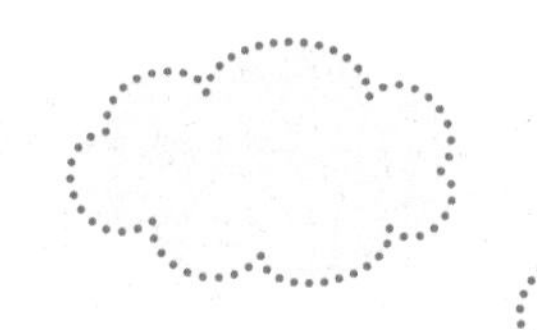

活泼的海豚

这对活泼的海豚很喜欢给孩子们表演空翻和各式技巧。为海豚切割一个木圈，让它们做钻圈游戏，或者缠一个红色的球，让它们顶来顶去地玩耍。有趣的波浪底座可以支撑海豚，让它保持着酷酷地跃起的姿势——海豚和底座也可充当拼图玩具。我建议先切割出海豚的形状，然后再切割底座。

工具和材料

木块，12.8厘米×15厘米×2厘米
无毒涂料或染料适量，灰色、白色和蓝色
钢丝锯或手弓锯
手控打磨机或150号砂纸和打磨块
画笔
木刻烙铁（可选）
参照第150页图样。

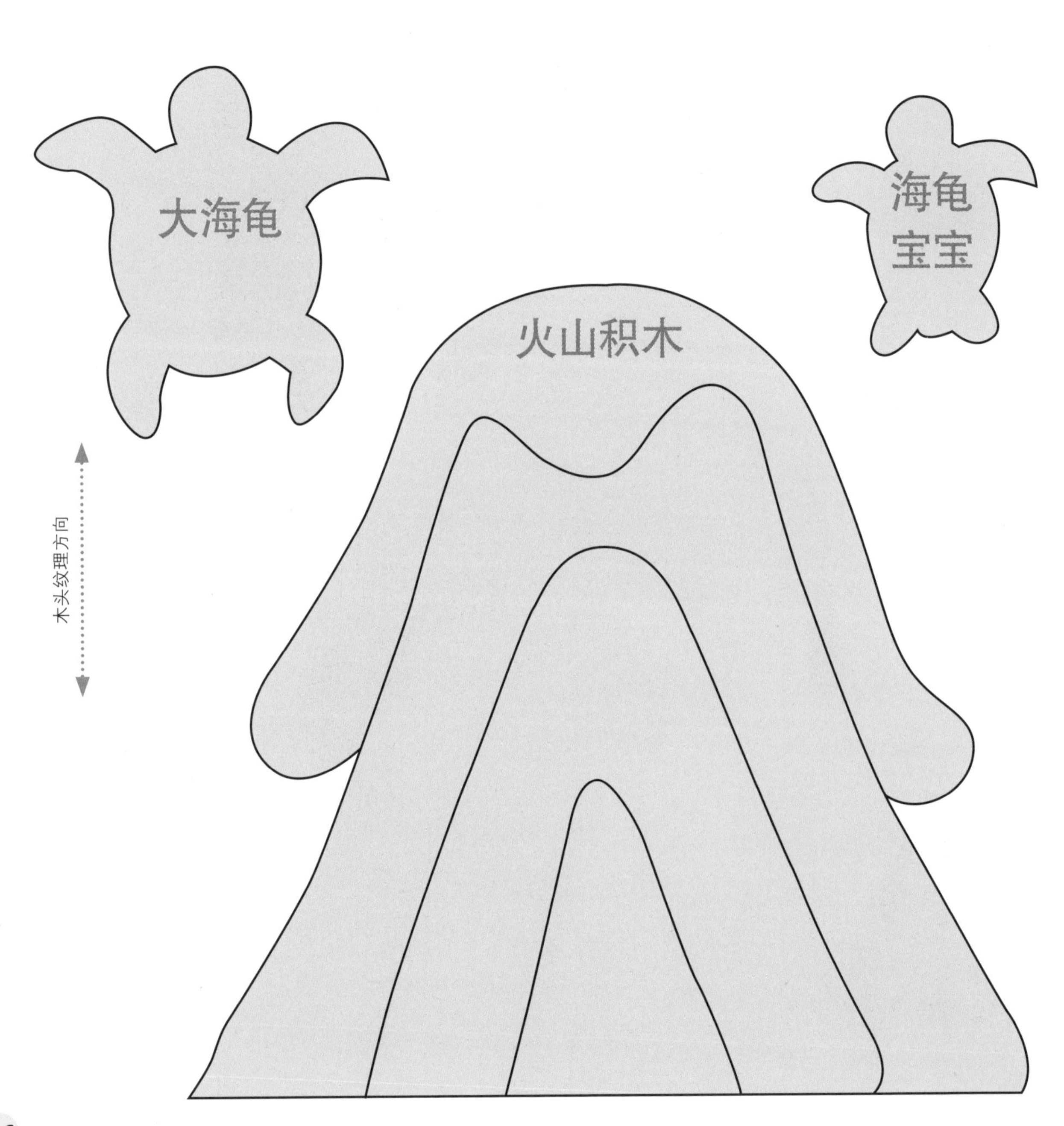
大海龟
海龟
宝宝
火山积木
木头纹理方向

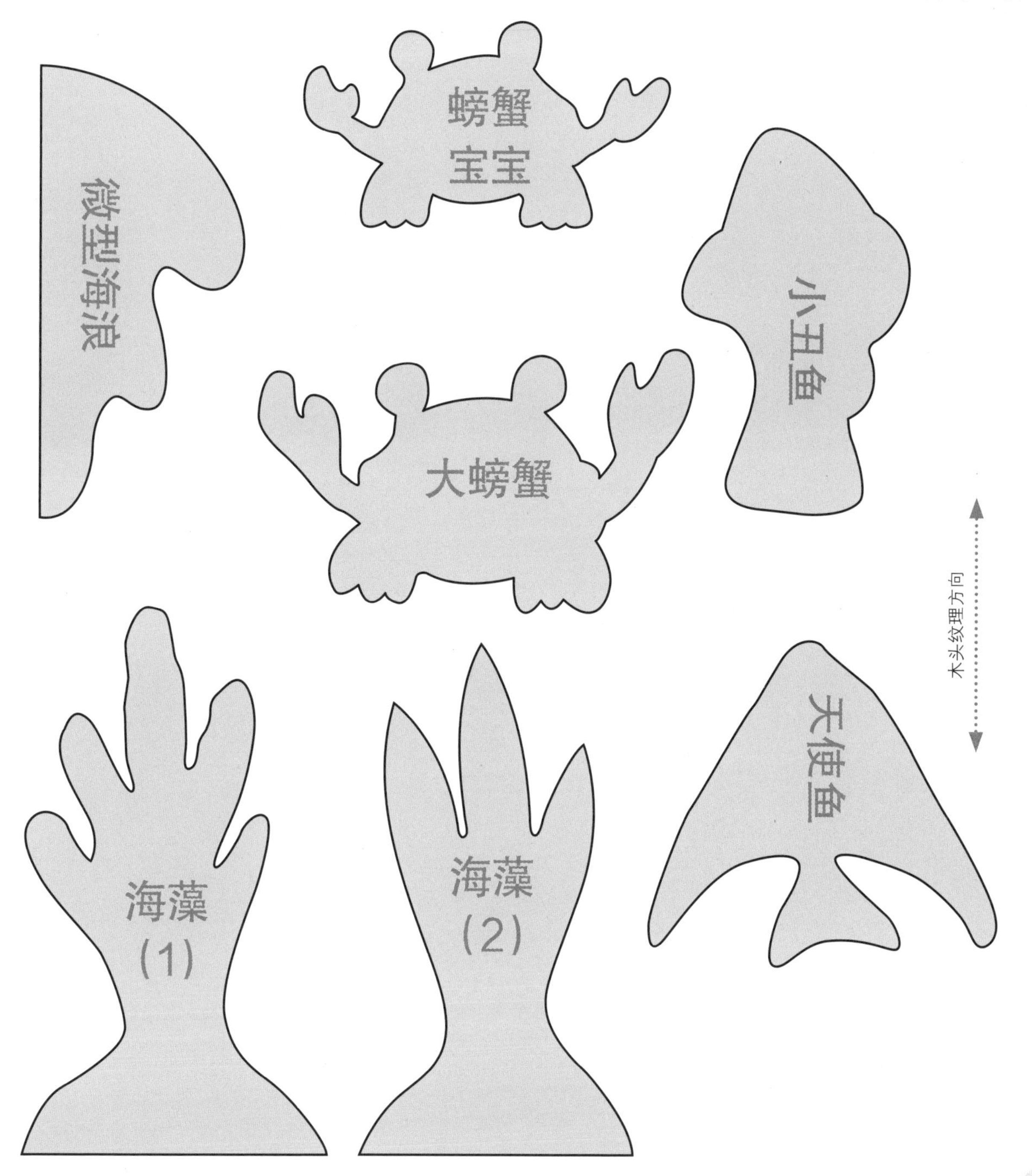
螃蟹
宝宝
微型海浪
小丑鱼
大螃蟹
木头纹理方向
海藻
(1)
海藻
(2)
天使鱼

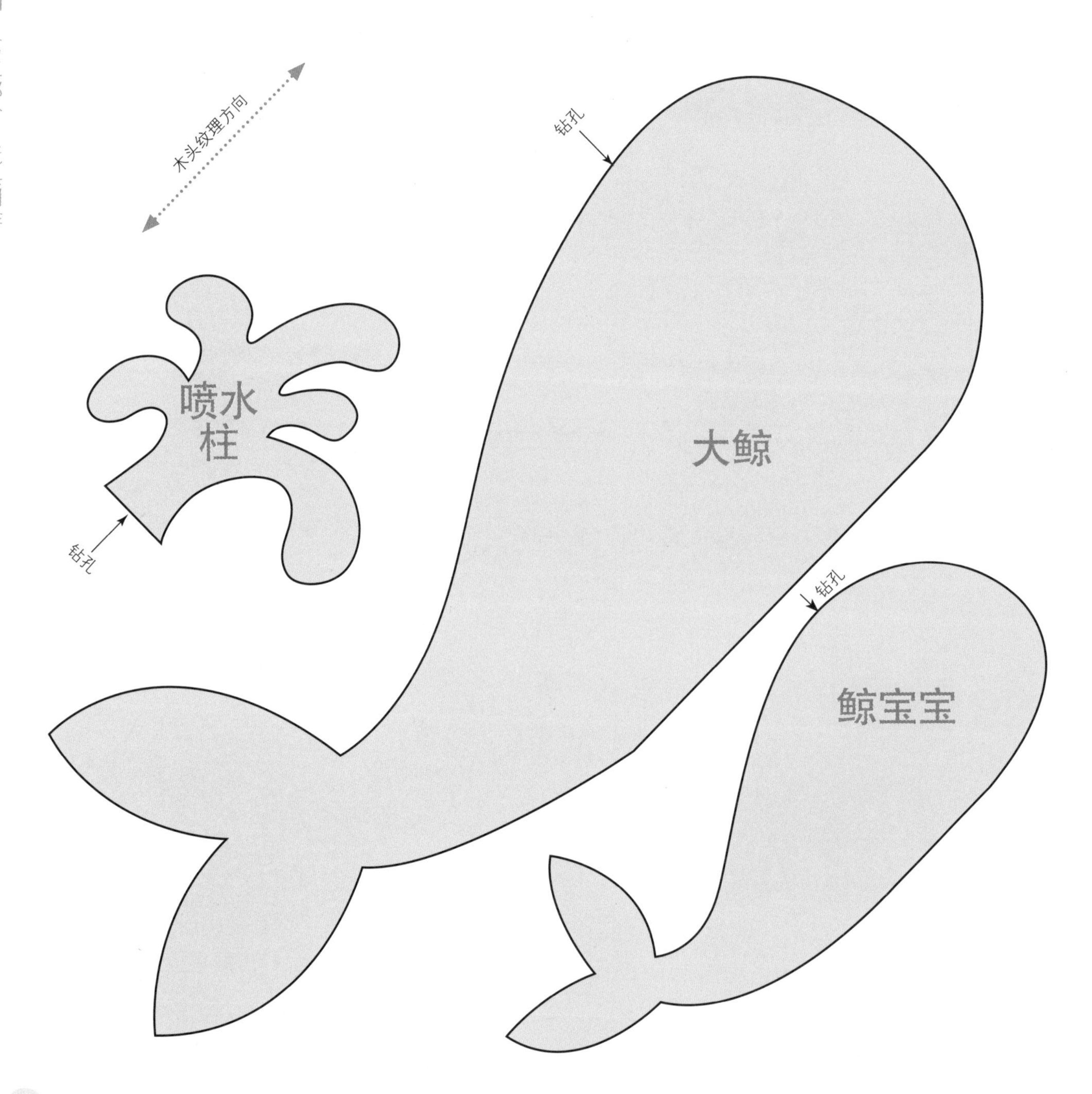
木头纹理方向
喷水柱
钻孔
钻孔
大鲸
钻孔
鲸宝宝

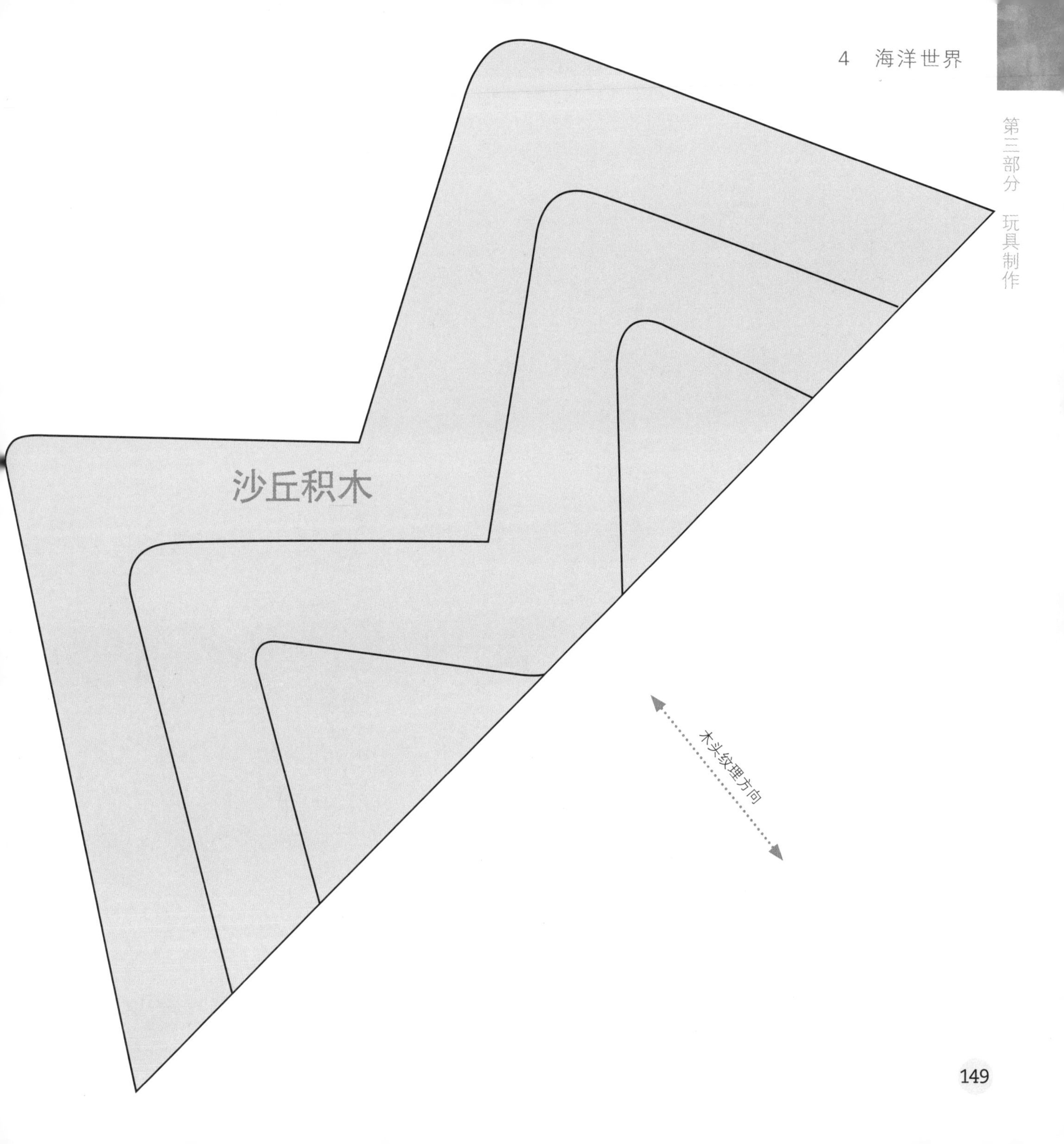
沙丘积木
木头纹理方向

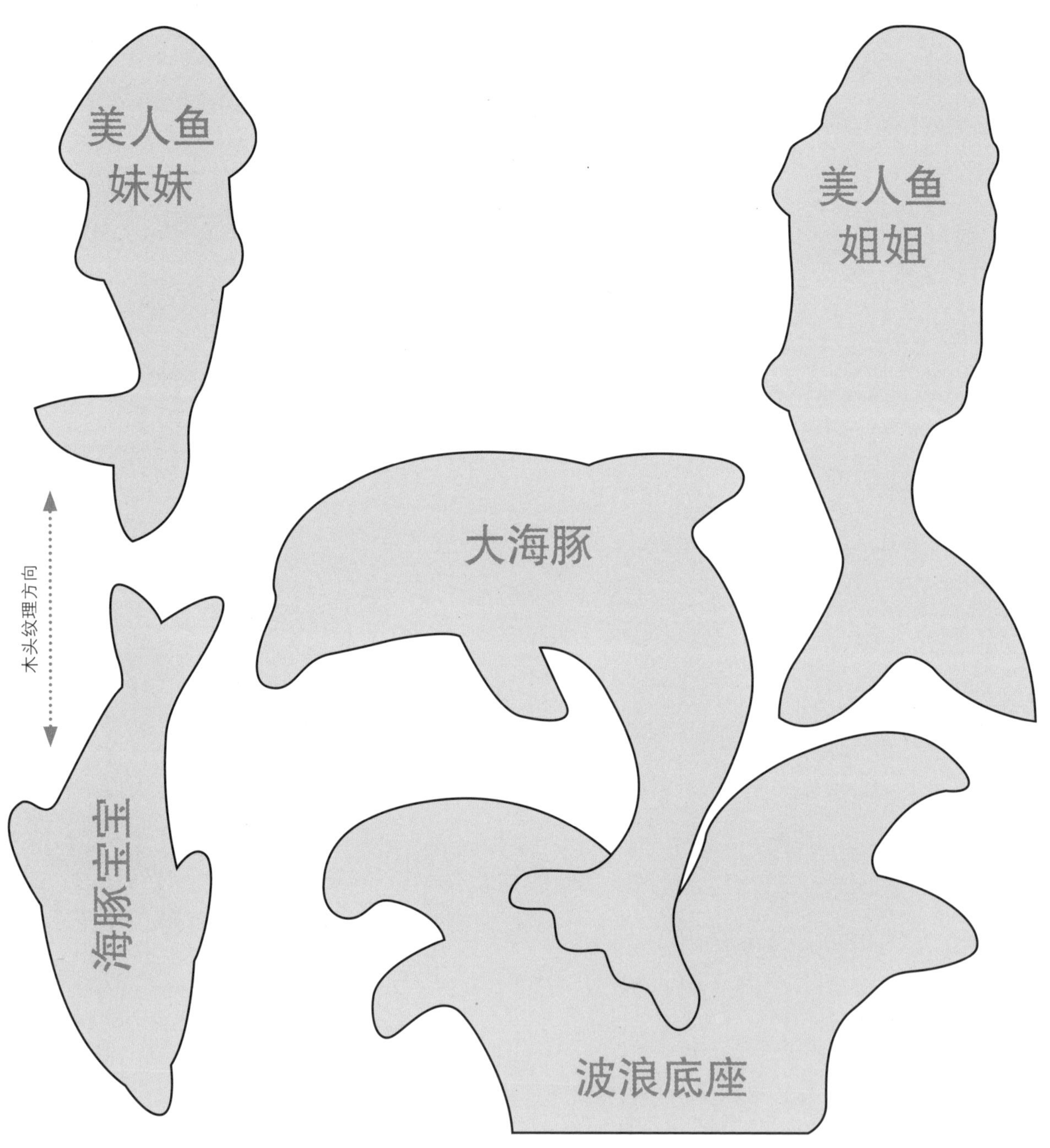
美人鱼
妹妹
美人鱼
姐姐
大海豚
木头纹理方向
海豚宝宝
波浪底座

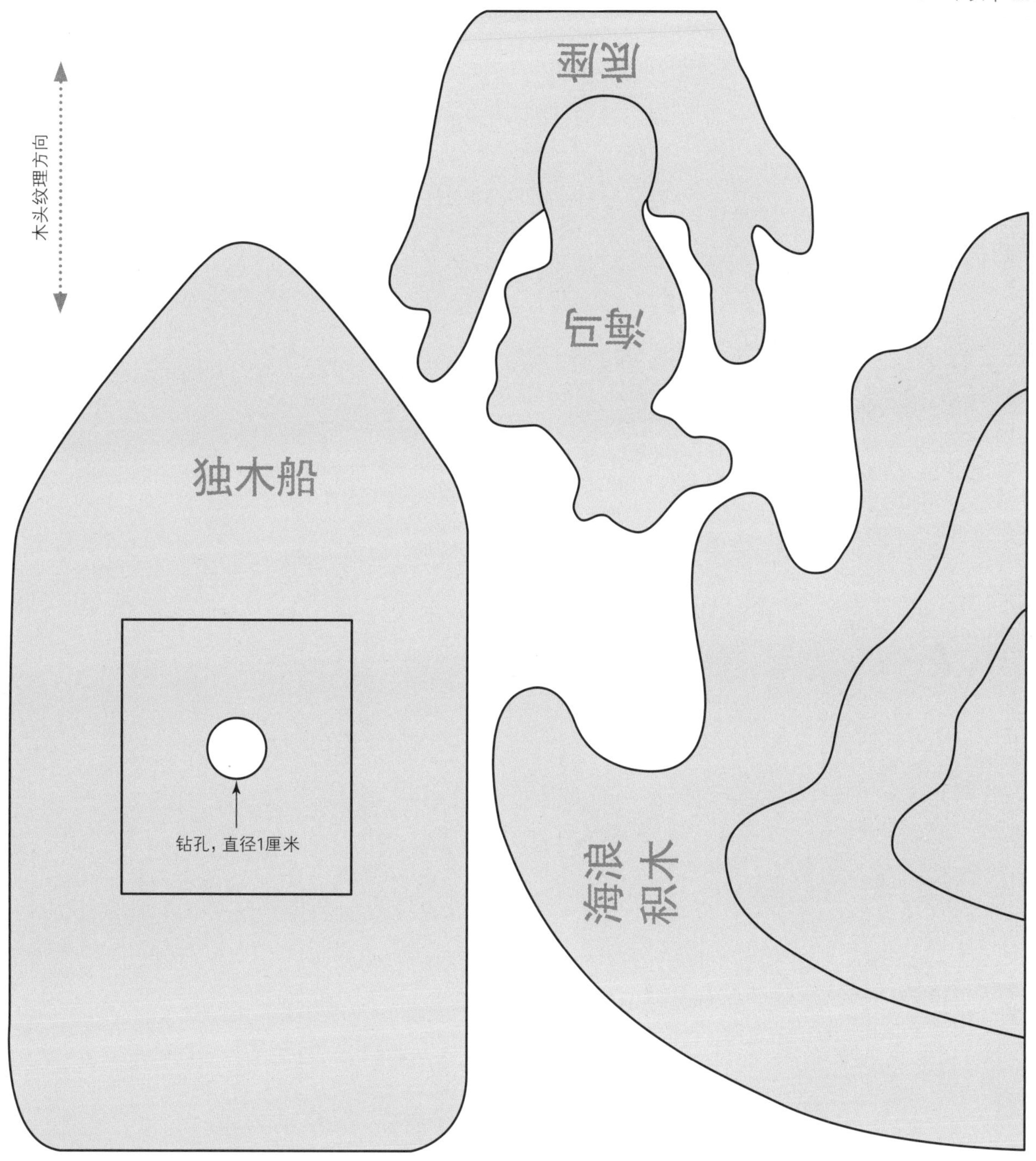
木头纹理方向
底座
海鸟
独木船
钻孔，直径1厘米
海浪
积木

5

城市景观

城市是一个熙熙攘攘的地方：高楼耸立，人声鼎沸，车水马龙，直升机在空中盘旋，载满乘客的地铁在隧道里穿行。喧嚣的城市中，唯有公园是较为安静的地方，那里喷泉汩汩，绿树成荫。

都市建筑积木

独一无二的建筑物往往是许多大城市的标志。这套积木一定是您所在城市的“标志性建筑”。做一个或多个建筑物的积木，然后涂成不同的颜色，赋予城市生命吧。也可以在积木建筑物上加几个窗口。如果孩子有自己喜欢的城市，您可以改变积木设计，设计出那个城市特有的建筑物景观。

工具和材料

木块，25.5厘米×15厘米×2厘米
无毒涂料或染料适量，灰色、黑色和蓝色
钢丝锯或手弓锯
手控打磨机或150号砂纸和打磨块
画笔
参照第168页图样。

小轿车

想去哪里呢？这辆小轿车很快可以把您载到想去的地方！这款小轿车非常适合在大城市的街道上奔驰，但是，如果您不想找地方停车，那就把它涂成出租车吧。

出租车

未刷涂料的轿车很容易改造成出租车。在黄色里添加一点橘色，就是出租车特有的黄色了。用一支细画笔给出租车加上些细节，比如，用黑色涂料写上“出租车”几个字。如果您很有创意又有足够的耐心，就给出租车画上车门和车窗吧。

警车

制作一辆警车（美式），只需要把轿车车身分成三部分——把中间的1/3涂成白色，旁边的两个1/3部分涂成深蓝色。白色车身部分，可以加上一颗黄星或其他执法部门的标记。如果想加上一个警灯，只需要在车顶部钻一个孔，把木钉涂成红色，用木工胶水粘上，警灯就做成了。

工具和材料

木块，10厘米×15厘米×2厘米
无毒涂料或染料适量，多种颜色
钢丝锯或手弓锯
手控打磨机或150号砂纸和打磨块
电钻，直径0.55厘米的钻头
画笔
木制车轮4个，直径3.8厘米，厚1.3厘米。可由商店购置
木钉4个，长3.2厘米，直径0.55厘米，用作轮轴。可由商店购置
木工胶水
木锤或铁锤
参照第169页图样。

额外步骤

在图样标注的地方分别钻孔，用以安装轮轴。安装车轮和轮轴时，可以涂一点木工胶水，并用木锤把轮轴轻轻锤到车身里。如果轮轴过长，就切掉多余部分。

直升机

如果您很着急去某个地方，可以乘直升机赶到那里。小家伙们将会很开心地开着他们的直升机四处飞，旋转的螺旋桨把直升机带入天空。想象一下那幅美景吧！

额外步骤

在图样指定的地方钻孔以便安装轮子和顶部的螺旋桨。安装轴、轮子和螺旋桨时要用点木工胶水。记住不要用太多，木工胶水滴多了会从孔里漏到直升机机身上。如果发生这样的情况，轮子会被木工胶水粘住，就不能滚动了。要用木锤或铁锤把轴轻轻地敲到直升机机身里。安装轮轴和螺旋桨轴时要小心，不能安装得太紧，否则轮子和螺旋桨就转不动了。

工具和材料

木块，15厘米×15厘米×2厘米
无毒涂料或染料适量，多种颜色
钢丝锯或手弓锯
手控打磨机或150号砂纸和打磨块
电钻，直径0.55厘米和0.64厘米的钻头
画笔
每架直升机需用直径3.2厘米、厚1.1厘米的轮子4个，可由商店购置
每架直升机需要长3.2厘米、直径0.55厘米的木钉5个，用作轴
木工胶水
木锤或铁锤
参照第170页图样。

飞机

乘着飞机翱翔吧，轮子滚动起来，螺旋桨旋转起来吧。这架飞机不需要专门的机场，只需要想象力和孩子的助力就可以翱翔在辽阔的蓝天中。

额外步骤

在图样指定的地方钻孔以便安装轮子和螺旋桨。安装轴、轮子和螺旋桨时要用点木工胶水。记住不要用太多木工胶水，木工胶水滴多了会从孔里漏到机身上。这样，轮子会被木工胶水粘住，就不能滚动了。用木锤或铁锤把轴轻轻地敲到机身里。安装轮轴和螺旋桨轴时要小心，不要安装得太紧，否则轮子和螺旋桨就转不动了。

固定飞机的机翼时，首先在机翼中心钻两个孔，然后将机翼放在机身顶部，机翼的孔要与机身顶部的孔对齐。用钢笔在将要钻孔的位置做记号，这样就可以在机身的适当位置钻孔了。钻好孔后，在每个孔里滴点木工胶水，将木钉穿过机翼的孔，轻轻地把木钉敲打进机身事先钻好的孔里，确保机翼紧贴机身。

工具和材料

机身木块，20.5厘米×15厘米×2厘米
机翼木块，18.5厘米×4厘米×0.6厘米
螺旋桨木块，6.5厘米×2.5厘米×0.6厘米
无毒涂料或染料适量，多种颜色
钢丝锯或手弓锯
钢笔
手控打磨机或150号砂纸和打磨块
电钻，直径0.55厘米的钻头
画笔
每架飞机需用直径3.8厘米、厚1.3厘米的轮子2个，可由商店购置
每架飞机需要长3.2厘米、直径0.55厘米的木钉5个，用作轴
木工胶水
木锤或铁锤
参照第171页图样。

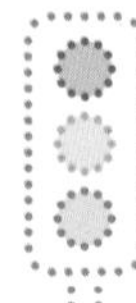

喷泉积木

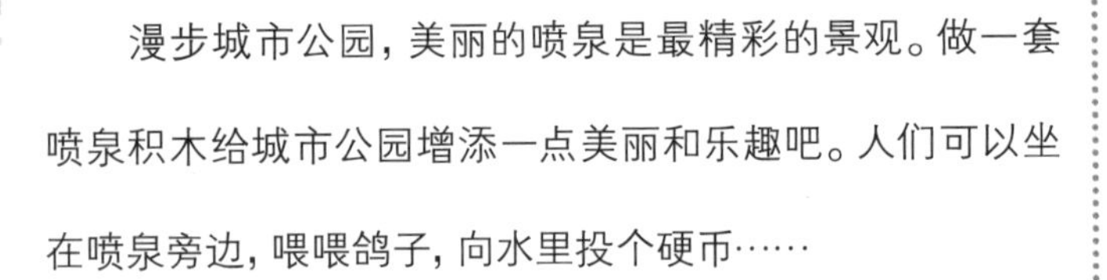

漫步城市公园，美丽的喷泉是最精彩的景观。做一套喷泉积木给城市公园增添一点美丽和乐趣吧。人们可以坐在喷泉旁边，喂喂鸽子，向水里投个硬币……

工具和材料

- 木块，20.5厘米×15厘米×2厘米
- 暗榫，长2.5厘米，直径1.6厘米
- 无毒涂料或染料适量，多种颜色
- 钢丝锯或手弓锯
- 手控打磨机或150号砂纸和打磨块
- 电钻，直径1.6厘米的钻头
- 画笔
- 木锤或铁锤
- 木工胶水

参照第172页图样。

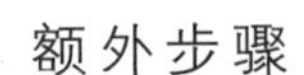

额外步骤

在喷泉底座中间钻一个暗榫孔。在孔里滴上一两滴木工胶水，轻轻按压将暗榫装入孔内。如果有点紧，就用木锤或铁锤敲进去。这个暗榫要连接用作喷泉水柱的木块。再在喷泉水柱的底部钻一个孔，用钻头轻轻地往两边压一下，可以把孔钻得稍微大一点，方便喷泉水柱的插取。如果想把喷泉水柱做成固定的，就在它下面的孔内涂一点木工胶水，再把它安在暗榫上，晾干后它就固定在底座上了。

公园里的树

公园让您远离大城市的快节奏，享受大自然的恩赐。树木是公园里不可或缺之物，屏蔽了都市繁忙的景象和嘈杂的声音，让您有回归自然之感。树木下方的岩石可以稳固树根，同时还可以增加情调。

工具和材料

木块，20.5厘米×15厘米×2厘米
木块，10厘米×4厘米×0.6厘米
无毒涂料或染料适量，灰色、棕色和绿色
钢丝锯或手弓锯
手控打磨机或150号砂纸和打磨块
画笔
木工胶水
参照第173、174页图样。

额外步骤

在作为岩石的木块上涂一点木工胶水，然后粘在树的底座上，确保岩石与树的底座平齐。

火车

呜——哐嘁哐嘁……跳上火车去“想象城”吧。小家伙要是喜欢会跑的玩具，那么一定会喜欢这些完美的小火车。如果想要制作一长列火车，那就试着在中间多加几节车厢，还可以把这些车厢涂成不同的颜色。

额外步骤

如图样所示（第175、176页），在火车指定位置钻孔，以便安装车轮和轴。将每节火车的连接头磨圆。最简单的方法是用粗砂纸打磨连接头的外边缘，将其打磨成圆的，这样转轴才能自由转动。连接头打磨处理好以后，在其中间钻孔，要钻透木块。有两种连接头，上面那个连接头的木钉是固定的，所钻孔的大小与木钉尺寸相同，这样就能固定住。钻下面连接头的孔时，钻头要比上面连接头所用的钻头大一号，这样木钉才能自由转动。接下来，将木钉轻轻敲入上面的连接头。木钉的长度要贯穿上面的连接头，并长于连接头的厚度，这节多出来的木钉要穿过下面的连接头的孔。在装轮轴的孔里滴几滴木工胶水，将每个轮轴和车轮组装起来，然后轻轻地将轮轴塞入孔中。

工具和材料

木块，38厘米×10厘米×2厘米
无毒涂料或染料适量，多种颜色
钢丝锯或手弓锯
手控打磨机或150号砂纸和打磨块
电钻，直径0.55厘米的钻头和大一号的钻头
画笔
木锤或铁锤
供三节火车使用的木车轮，直径3.8厘米、厚1.3厘米，共计12个
供三节火车用作轴的木钉，长3.2厘米、直径0.55厘米，共计14个
木工胶水
参照第175、176页图样。

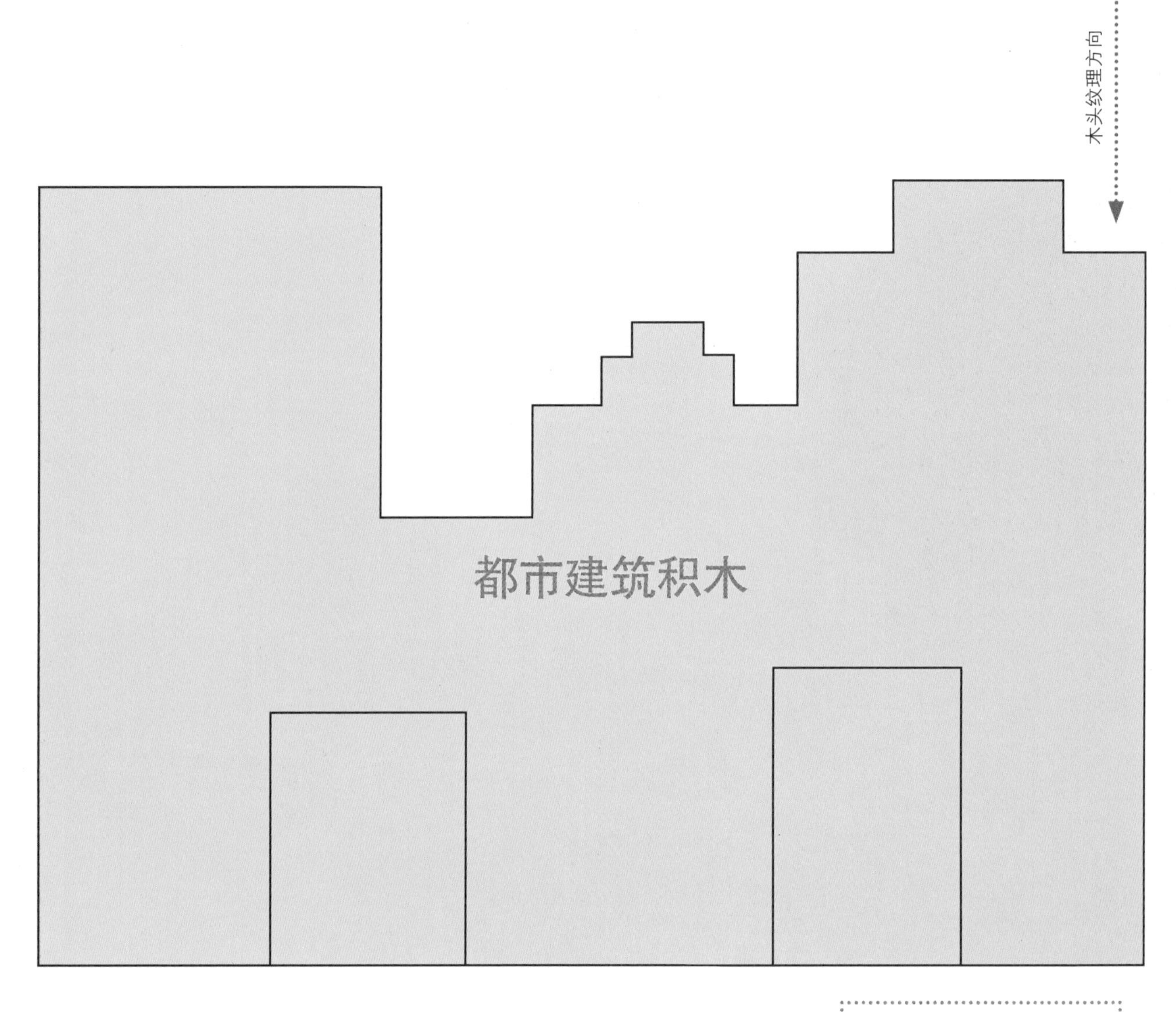

放大图样

将图样放大到125%，获得实际尺寸。

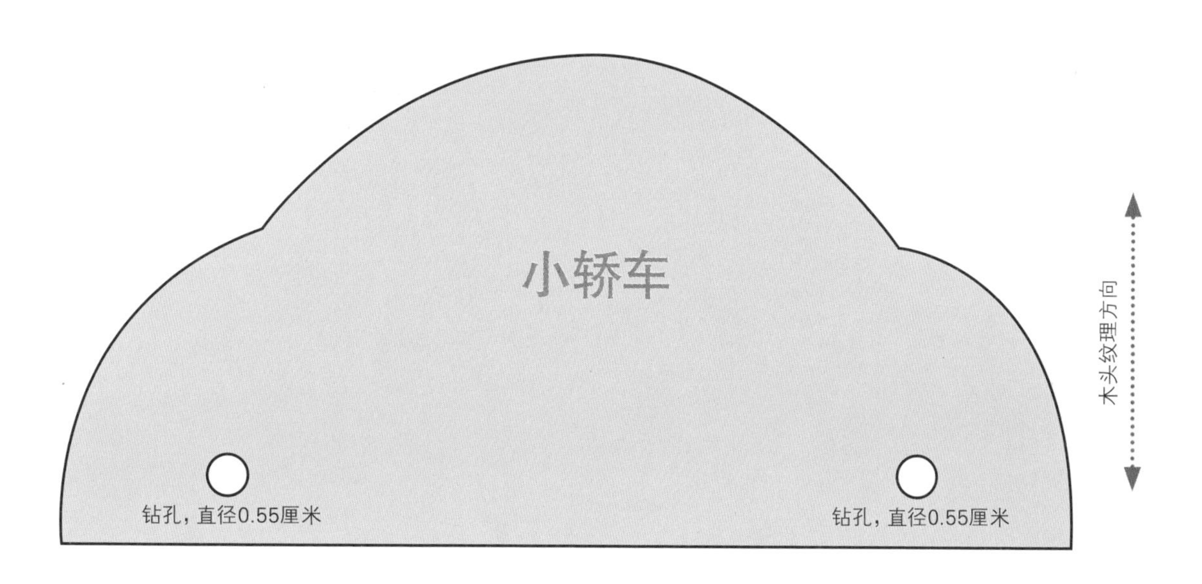
小轿车
钻孔，直径0.55厘米
钻孔，直径0.55厘米
木头纹理方向

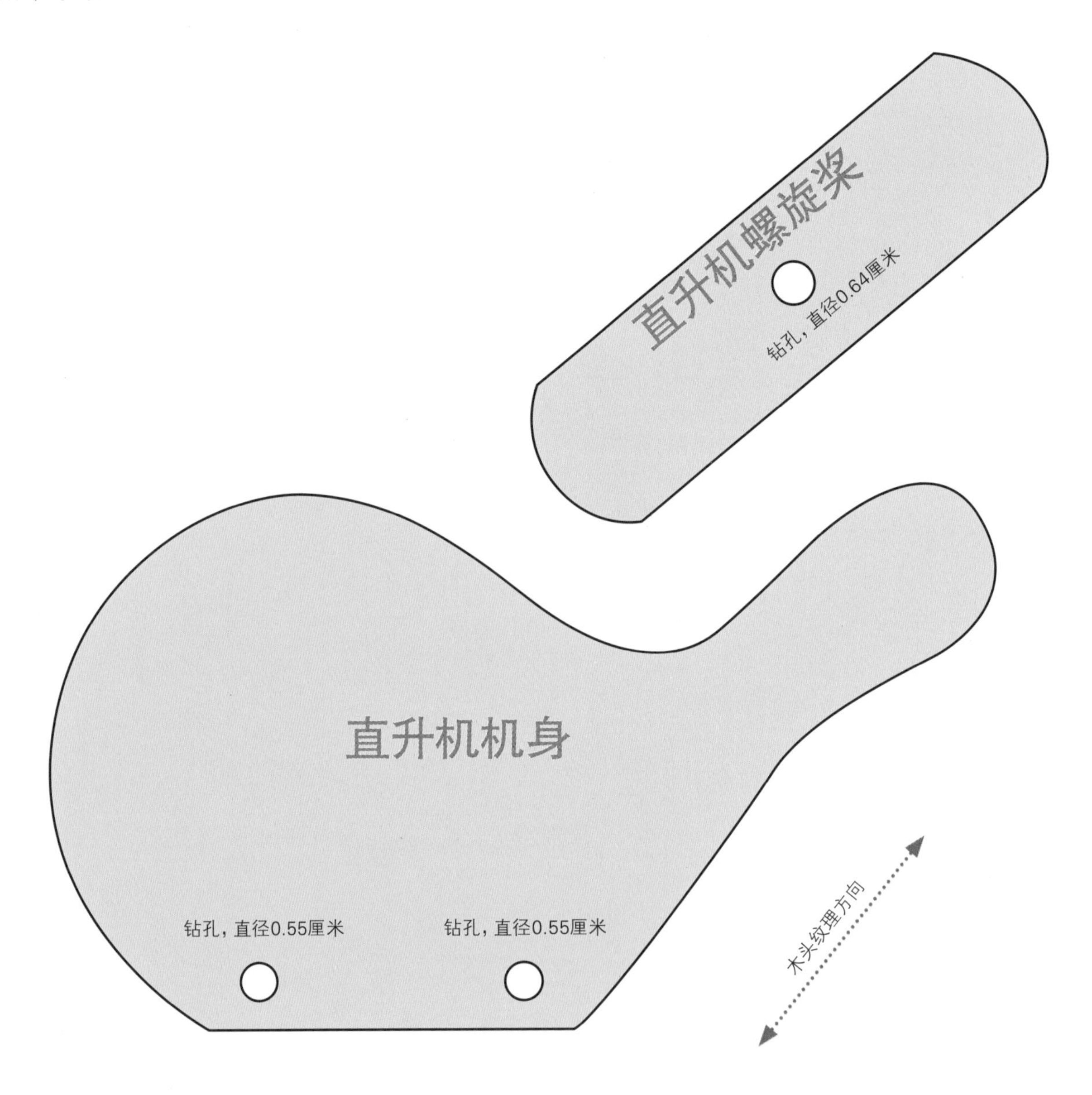
直升机螺旋桨
钻孔，直径0.64厘米
直升机机身
钻孔，直径0.55厘米
钻孔，直径0.55厘米
木头纹理方向

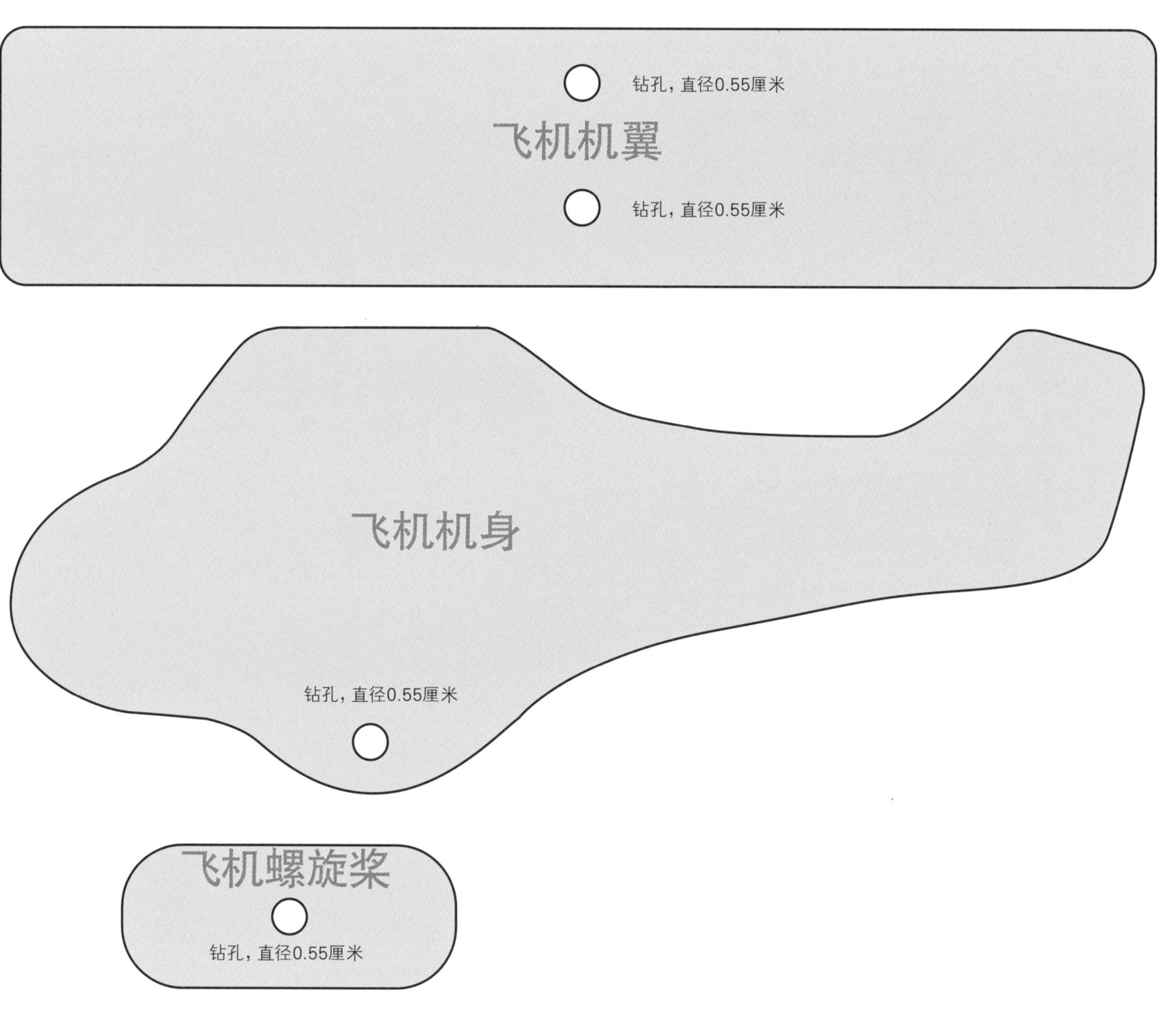

木头纹理方向

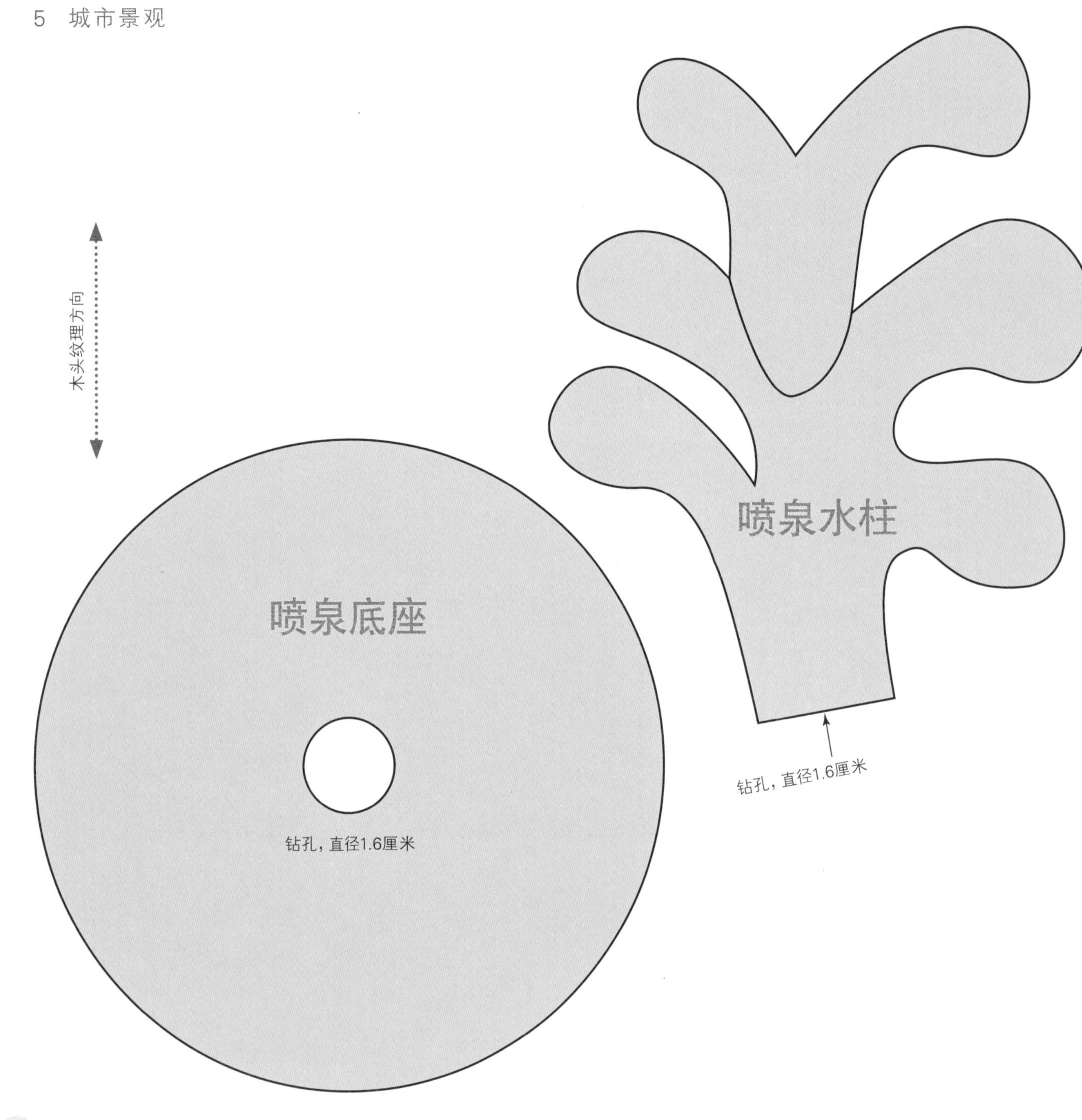
木头纹理方向
喷泉底座
钻孔，直径1.6厘米
喷泉水柱
钻孔，直径1.6厘米

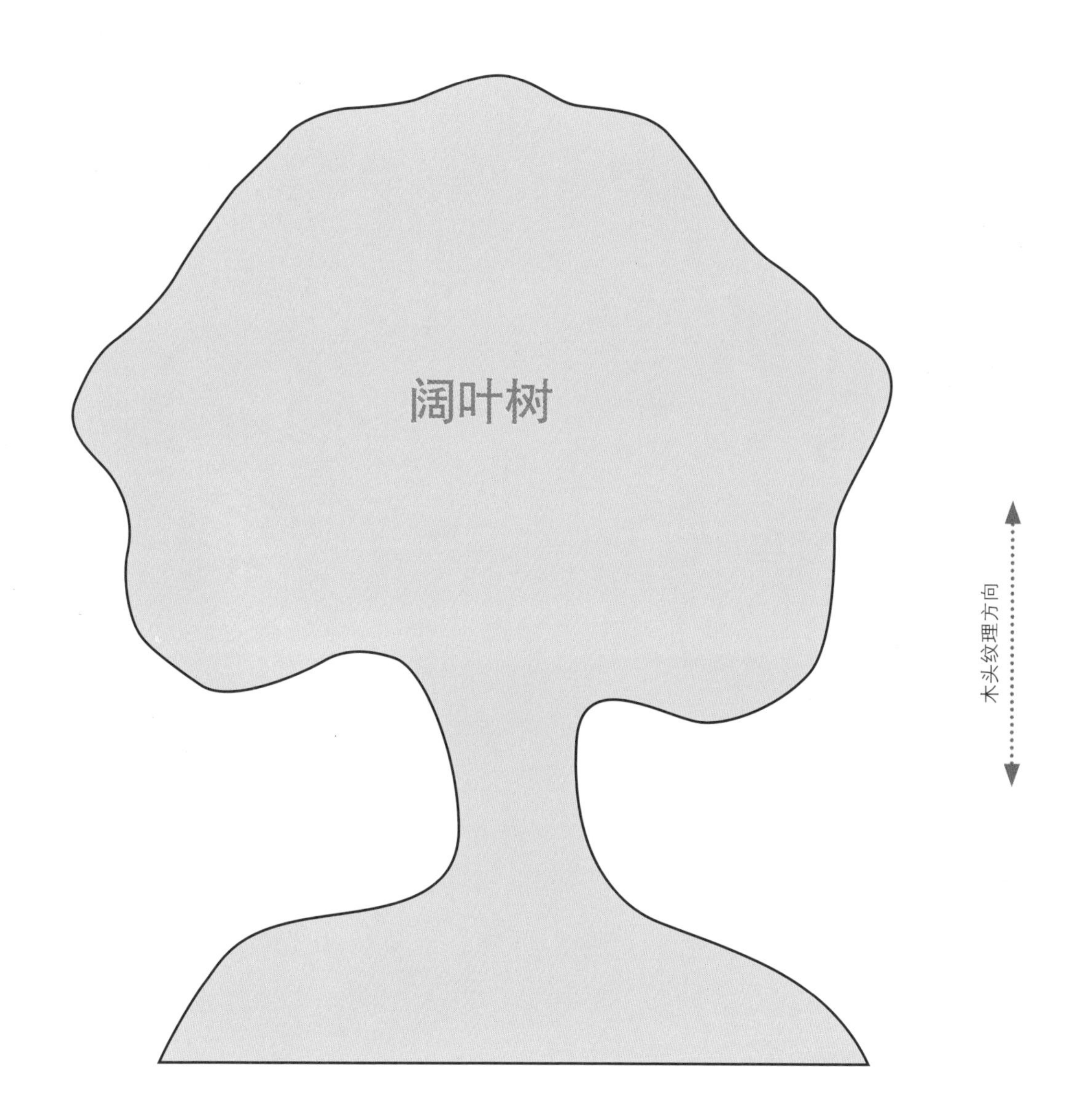
阔叶树
木头纹理方向

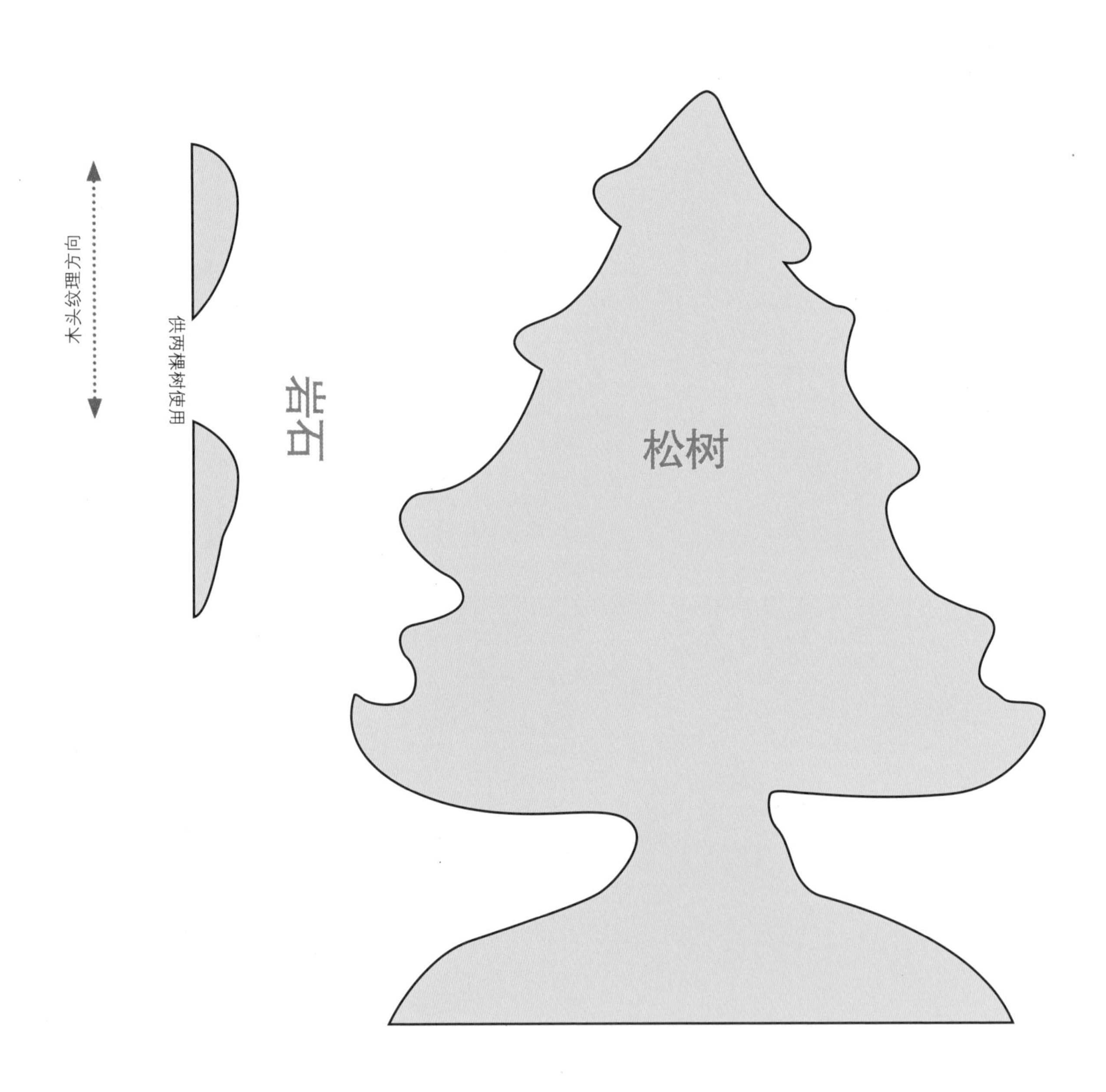
木头纹理方向
供两棵树使用
岩石
松树

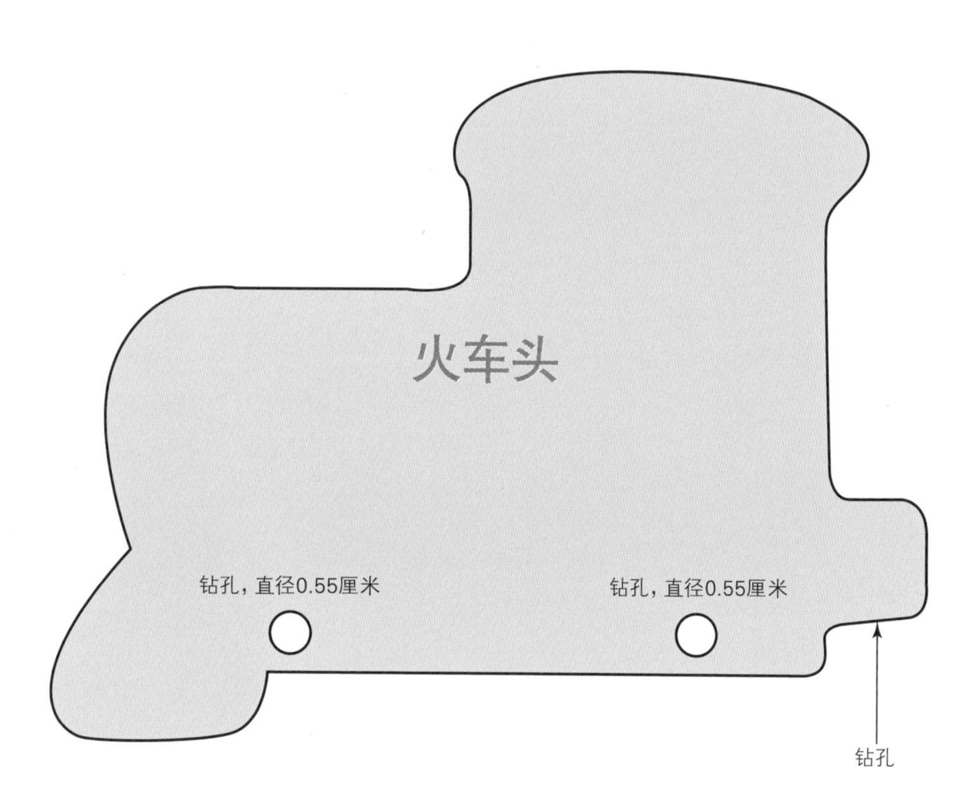

木头纹理方向

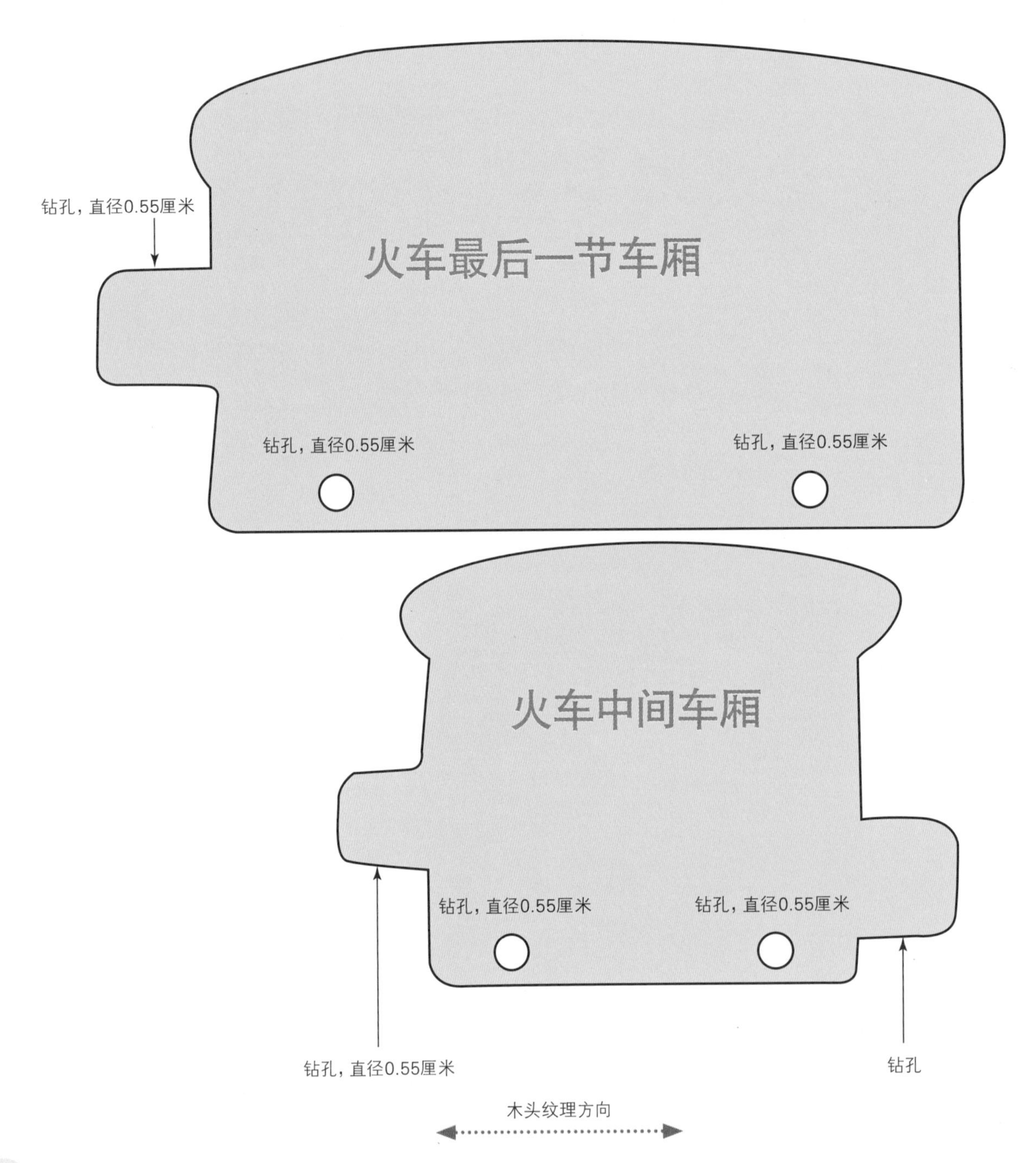
钻孔，直径0.55厘米
火车最后一节车厢
钻孔，直径0.55厘米
钻孔，直径0.55厘米
火车中间车厢
钻孔，直径0.55厘米
钻孔，直径0.55厘米
钻孔，直径0.55厘米
钻孔
木头纹理方向